阅读成就思想……

Read to Achieve

极简 系
应用心理学 列

The Anatomy of
Addiction
What Science and Research Tell Us About the True Causes,
Best Preventive Techniques, and Most Successful Treatments

戒　瘾
战胜致命性成瘾

［美］ 阿齐可·穆罕默德 ◎ 著　　王斐 ◎ 译
Akikur Mohammad

中国人民大学出版社
· 北京 ·

本书赞誉

　　《戒瘾》一书从神经生物学的视角对成瘾及治疗进行了清晰详尽的探索，其最引人入胜的章节是破除了关于成瘾的 10 个最大的认识误区。

《柯克斯书评》（*Kirkus Reviews*）

　　在《戒瘾》一书中，穆罕默德博士认为人们对当前成瘾治疗趋势的态度是直接的、坚定的，对与成瘾有关的每个人来说，《戒瘾》绝对是一本必读书。作者是成瘾领域中真正的开拓者、为数不多的成瘾问题专家，并能在科学、医学和行为健康之间取得准确和有效的平衡。如果你希望对成瘾领域有个全新的了解，请阅读本书。

戴伦·卡维诺基（Darren Kavinoky）
美国调查发现频道《致命原罪》的合创者及主持人，
1.800.NoCuffs 律师事务所创始人，公认的干预专家当我第一次遇到穆罕默德博士时，成瘾已经让我一塌糊涂，并夺走了我的一切。当我将时间花费在无数的自诩专家那里时，穆罕默德博士在短短几分钟内拯救了我，并改变了我的生活。他是唯一让我知道应当求助于科学的专家，只有弄清成瘾的真相，通过平衡的治疗方法才能戒瘾成功。我重新找回了自己的生活并回归了家庭。这件发生在 13 年前的事我后来再也没有去想它。穆罕默德博士那天与我分享的内容也写进了《戒瘾》一书中；对于成瘾，我们并非无能为力，本书也告诉了读者这样讲的道理何在。

JW

阿凯克·穆罕默德博士的一位患者

《戒瘾》是一剂没有糖的猛药，它对很多人来说（或许）难以下咽。阿齐可写《戒瘾》一书的目的并不只是提供治疗成瘾的相关信息，而是为了变革这一领域。

沃尔特·林（Walter Ling）

加州大学洛杉矶分校精神病学教授、物质滥用综合项目研究中心主任

穆罕默德博士对成瘾问题的研究非常投入：成瘾是什么，什么又不是成瘾，该如何对待成瘾，而不应该用什么方法去治疗。无论是对非专业人士，还是对成瘾者及其家人和朋友来说，《戒瘾》一书都是与成瘾抗争的有用资料；对那些有兴趣了解成瘾这一全球性问题的人来说，本书也很有帮助。

乔治·辛普森（George Simpson）

医学博士，美国南加州大学凯克医学院精神病学和行为科学教授、精神病学系前系主任

前言：看不见的致命流行病

近年来，美国治疗酒精中毒和药物成瘾带来的收入高达340亿美元，康复诊所如今几乎遍布全美各个城市和小镇，成瘾治疗中心的总数达14 000家，这个数字甚至超过了星巴克且仍在增长。

然而，人们对酒精中毒和药物成瘾的治疗却非常失败。根据美国一项有关全国药物滥用与健康的年度调查（National Survey on Drug Use and Health，NSDUH）报告的数据，在过去30天内，约有2000万年龄在12岁及以上的美国人使用过非法药品，约占全国人口的8%。此外，非医疗用途用药或处方药（包括止痛药、镇静剂和兴奋剂）滥用情况仍在增长，约有4800万年龄在12岁及以上的美国人出于非医疗原因在使用处方药，约占全国人口的20%。

　　我们来看另一组数据。过去一年内，仅在美国就有 88 000 人因过度饮酒而死亡，这一数字在与生活方式相关的死因中位列第三（2009 年，过度饮酒超过车祸成为第三大死亡原因并持续至今）。过度饮酒导致年均潜在寿命减少（years of potential life lost，YPLL）了 250 万年，每增加一例死亡会导致年均潜在寿命减少约 30 年。2006 年，超过 120 万例急诊就医和 270 万例医师诊室就医都源于过度饮酒。2012 年，过度饮酒带来的经济成本约达 2750 亿美元。

　　成瘾这一问题似乎无处不在，但人们还没有认识到成瘾是一种疾病。成瘾一旦被社会（如护理提供者、决策者、法院和司法系统，最重要的还是公众）公认为一种慢性疾病，它无疑将很快得到控制。

　　在哥伦比亚大学国家成瘾和物质滥用中心（National Center on Addiction and Substance Abuse）一项有关美国成瘾现象的划时代研究论文中，作者提到："成瘾是国家最大的可预防性问题，也是最主要的健康问题。"他们还提到，没有使用科学的、有可靠医学支持的方法治疗成瘾，导致出现了一系列的诸如意外、凶杀、自杀、儿童疏于看护、非法监禁和性侵犯等健康和社会问题。

　　不可否认，这些数字过于巨大，以至于公众对其导致的影响变得麻木，而只有当我们深爱的朋友或伴侣死于药物或酒精滥用后，我们才会感到强烈的痛心。其中存在这样一种周期性现象，当菲利普·塞默·霍夫曼（Philip Seymour Hoffman）这样的影视名人死于过度用药后，举国上下才会被拉回到严峻的现实中，开始讨论急需改进的有关成瘾治疗的话题，然后人们再次将这个话题遗忘，直到下一个名人过度用药的新闻出现。

但事实也不全然如此。在过去的 10 年，尤其是过去的几年中，成瘾药物科学的治疗和预防已经取得了进展。

作为一名拥有成瘾医学认证并获得委员会认证的精神科医师，我一直以来都身处一线，使用先进的技术进行治疗。过去，我在洛杉矶县总医院急救室工作；如今，我在自己成立的马里布成瘾治疗中心继续最后几年的工作。在我看来，成瘾的循证治疗在很大程度上仍然不为大众所知。

那么，现存的问题和解决方案间为何存在如此大的割裂呢？在《戒瘾》这本书中，我会解释当今这个根深蒂固的康复行业如何通过每年蒙骗社会中最弱势的群体来获取数以亿计的金钱，从而获得惊人的财富；为何从事这个行业的人依然没有任何主动改变这一运作方式的意愿。

令人震惊的是，约有 90% 的康复诊所从不在治疗项目中使用任何的循证医学。事实上，全美只有 6 个州对成瘾治疗的工作人员有某种形式的教育要求，而他们大多自封为成瘾咨询师。这些没有道德原则又无知的诊所的治疗方案完全基于 19 世纪 30 年代互助小组的概念，其内容是强迫来访者禁欲，而并未提供美国医学协会（American Medical Association，AMA）和美国国立卫生研究院（National Institutes of Health）认证的成瘾药物。

尽管几十年来，科学研究已经排除了任何怀疑，证实了成瘾是一种大脑疾病，但康复行业依然将其看作一种道德堕落和缺少意志力的结果。他们坚信产生这一谬论的原因与整个社会密不可分：根深蒂固的机构组织一直鼓吹与真理相悖的戒瘾 12 步法则；政策制定者和司法人员判定成瘾是为了定罪而非出于治疗；医学界不承认成瘾是一种疾病，也不知道正确的治疗手段；而广大公众中有人理解成瘾者，有人蔑视成瘾者，而更多的人对成瘾感到一头雾水。

下面列出的是已经被科学研究所证明的、有关酒精和药物成瘾的简要事实。

1. 成瘾是一种慢性大脑疾病，其特征在于人们对酒精或药物的强迫渴望，需要训练有素且经过认证的专业人员对成瘾者进行终身的医疗干预和管理（正如所有其他慢性疾病一样）。

2. 同时，成瘾也与双相情感障碍一样，是一种大脑的慢性疾病，因此其治疗不仅需要咨询和群体谈话治疗（无论治疗初衷是多么美好）。

3. 事实上，除了咨询和生活方式调整之外，酒精和药物成瘾者首先需要接受药理学治疗。

4. 作为慢性复发性疾病，成瘾者通常需要持续治疗，以预测成瘾复发和减弱成瘾的强度。

5. 复发可以预测，因此成瘾也是可以治疗的，深陷酒精和药物成瘾的人们在经过治疗后能够康复并过上满意的生活。

本书的核心在于提供治疗成瘾的指导原则。你将看到我使用非专业术语来解释为何循证医学对治疗成瘾是有效的，以及我们是如何找到这些方法的。重要的是，我会详细阐述人们为何需要远离所谓的康复诊所。在这些诊所里，最好的情况是人们只会因无用的治疗损失金钱，但最坏的可能是这样所谓的治疗非常危险，甚至会给患者的生命带来威胁。

本书提供的信息将击碎以下几条谬论，不幸的是，这些错误观念仍在指引着美国成瘾治疗朝着错误的方向发展。

- 用意志压制欲望能够治愈成瘾。

- 成瘾不可预防，成瘾者会因绝望而毁掉自己的生活。

- 听曾经的成瘾者讲述自己克服成瘾的经历是最好的治疗方式。

事实上，作为一名内科医生、临床医生以及医学博士，我所知道的任何一种脑疾病（阿尔茨海默病、帕金森病以及其他疾病）都不能由业余人员来诊断和治疗。很多科学研究早已证明了这个理论：成瘾是一种可预防、可治疗的疾病。

本书为成瘾者及其家人、朋友提供科学的、可操作的信息。这些信息也是我在位于洛杉矶的南加州大学凯克医学院的课堂上向学生们讲授的，我的课堂内容对于医学生来说非常基础，无论具体什么专业的学生都需要认真学习。

这是我第一次向公众传递这些理论，我希望能够彻底拨开这层无知、恐惧、耻辱的、笼罩着成瘾者以及成瘾治疗的阴霾。

从本书中，你至少可以明白一点：在美国，没有成瘾的问题，有问题的是成瘾治疗。

目 录

第 1 章　成瘾可预防、可治疗

几年前，我曾在一个有关药物成瘾的大会上发言，呼吁人们改变对瘾君子的看法。药物成瘾是一种疾病。如果我们都能接受这一无可争议的科学论断，那么自然而然，我们也必须停止将瘾君子的行为视为犯罪。试想，如果我们将所有的常见慢性病患者都视作罪犯，那么，监狱里将装满患癌症、心脏病、糖尿病和哮喘的病人。

我的发言结束后，一位先生找到了我，他自称是联邦毒品管制局（Drug Enforcement Agency，DEA）的一名特工。他向我讲述了自己逮捕过的一个人，这件事时常萦绕在他心头，令他不安。一个贩卖海洛因的罪犯被指控持有毒品，他与检方达成了认罪辩诉交易，答应指认他的同伙。他指认了一对夫妇，于是，警方搜查了他们家，果然找到了几十包海洛因。

整件事看起来并没有什么问题。逮捕这对夫妇就减少了洛杉矶危险犯罪分子的数量，不是吗？事实上，这对夫妇完全不符合大多数人脑海里"吸食海洛因成瘾者"的固有印象。根据那位特工说，仅凭外表，你完全猜不到他们是吸毒者。他们看起来也确实像一对中产阶级夫妇，两人住在一套温馨舒适的三居室房子里，都有稳定的工作，而且都没有暴力犯罪的前科。

同时，他们还是两个孩子的父母，有一个 4 岁的女儿和一个 7 岁的儿子。

丈夫被捕后承认了自己的罪行（他承担了所有责任），他进了监狱，基本上是终身监禁。妻子则得了抑郁症，无法再像原来一样定期服用毒品，最终选择了自杀。两个孩子最后寄养在了其他家庭。

即使过去这么多年，当这位特工谈起这次完全合乎程序但却给这个家庭带来灭顶之灾的逮捕时，他很明显感到心烦意乱。"如果能重来一次，这次我一定确保不要在他们家找到任何海洛因。"他坚定地说。

关于成瘾的真相

如果有一个更公正、更人性化的世界，那么，上述这起悲剧的主人公夫妇或许被诊断为患有慢性成瘾病，人们将用医学手段来帮助他们，停止其药物滥用。在一段时间的循证治疗成功后，他们将会恢复丰富多彩的正常生活，不再依赖药物，也不再为害怕被捕而提心吊胆。

数十年的实验室基础研究已经证明，成瘾确实是一个真正的医学问题，涉及严重的大脑结构改变。酒精、鸦片、可卡因等物质提高了大脑奖赏通路中化学物质多巴胺的水平。20 世纪 70 年代，随着磁共振成像（MRI）技术的出现，我们就能亲眼看到成瘾如何降低多巴胺的基准水平，导致多巴胺使人愉悦的净效应下降，人们对药量的需求越来越多。

科学研究证明，人们即使戒掉某种药物后，他们的大脑也并不会恢复正常状态。所以这类人仍然难以抵挡这种药物的诱惑，他们时常情绪波动，并有想要再次使用药物的强烈冲动。

自 21 世纪初始，上述研究成果接二连三以惊人的速度在众多科学期刊上发表，这进一步证明了美国国家药物滥用研究所（National Institute on Drug Abuse）主管诺拉·沃尔考（Nora Volkow）的观点，即"药物成瘾是一种慢性的身体机能失调，它需要数轮治疗，以降低再次成瘾的风险，并延长远离毒品的间隔期"。

在 20 世纪 90 年代中期，包括美国医学协会、美国精神病学会（American Psychiatric Association，APA）在内的主要政府组织和一些医生及科学家联合起来，争取社会对药物成瘾采取更包容的态度，以及呼吁采取更多的医学治疗手段。美国国家控制毒品政策办公室（Office of National Control Drug Policy，ONDCP）前主管吉尔·克利考斯科（Gil Kerlikowske），他也曾是美国前总统奥巴马政府在毒品政策方面的首席顾问，同样对这一观点表示赞同，称药物成瘾"并不是一个人的道德堕落，而是一种慢性的脑部疾病，它可以被治愈"。

然而，人们尽管通过这些努力对药物成瘾更加了解，也更加清楚如何用循证医学疗法治疗成瘾疾病，但哥伦比亚大学2013年发表的一篇深度报道仍然使我们无法忽视以下严峻的事实。

- 大约有2100万美国人对某种药物成瘾，他们需要使用循证医学治疗成瘾，却并没能接受治疗。
- 现在，药物使用过量致死的人数已超过交通事故致死的人数。
- 联邦监狱中，大约有55%的罪犯是因为药物相关的罪行而遭到监禁。
- 每10个非尼古丁成瘾者中就有9人无法得到治疗。
- 那些能够得到治疗的人中，大多数人接受的都是非正规的治疗程序，且都是由未接受过医疗训练的人操作。

美国物质成瘾的奇怪历史

现代医学有多种治疗药物成瘾的途径，然而接受治疗的人少之又少，如何解释这一矛盾呢？有几个相互关联的原因，而这些原因都与人们对药物成瘾的无知和内心的羞耻感有关。

第一点也是最重要的一点，公众对药物成瘾的观念滞后于科学的发展。社会仍然对成瘾者充满歧视，视他们为道德沦丧者，认为他们完全有能力控制自己，只是不愿为之努力。另一种类似的看法则认为，这些人就是天生的失败者，什么也救不了他们。

我们先来看后一种观点。像朱迪·嘉兰（Judy Garland）、小罗伯特·唐尼（Robert Downey Jr.）、奥普拉·温弗里（Oprah Winfrey）、大卫·鲍伊（David Bowie）、雷·查尔斯（Ray Charles）、凯斯·厄本（Keith Urban）、布莱恩·威尔逊（Brian Wilson）、小威廉·F.巴克利（William F. Buckley Jr.）、伊丽莎白·泰勒（Elizabeth Taylor）、詹姆斯·鲍德温（James Baldwin）甚至本杰明·富兰克林（Benjamin Franklin）这些人，他们都曾有过酒精和药物成瘾行为，显而易见，这些才华横溢、事业成功的名人们都不是传统意义上的失败者。

毫无疑问，社会对瘾君子的污名仍然是阻止大多数人承认自己对某种物质成瘾的一个重要原因。想要证实这点，我们只需看看演员菲利普·塞默·霍夫曼那令人震惊且悲惨的死亡事故。这样一位享有名望、受人尊敬的艺术家正处于事业巅峰，但他却仍然拒绝接受专业治疗。在已经远离毒品 20 多年后，他再入歧途，难以承受社会对毒品的偏见，于是他选择参加互助会，试图以此让自己戒掉毒瘾。在毒瘾再犯 10 周后，他死在了自己家中，手臂上插着一根针头，周围散落着 75 包海洛因。

美国公众对瘾君子的种种偏见部分源于其独特的清教徒历史。清教徒文化奠定了美国在众多社会问题上的信仰基础。很多美国人还认为，饮酒或使用药物时举止粗俗的人是真正的瘾君子。另外，在 20 世纪末，俗称"禁毒战争"的联邦政策也在公众心中留下了不可磨灭的印象，其认为大多数药物或酒精滥用者都会出现犯罪行为（然而实际上，只有一小部分滥用者会有滥用行为）。

美国物质成瘾的历史仿佛就是一部虚构的小说中的情节。1914 年，联邦政府做出了一个灾难性的决定，其通过了《哈里森法案》(*Harrison Act*)，将美国的毒品问题列入犯罪行为，希望借此控制鸦片类毒品的传播，以及顺从当时美国全境疯狂的禁毒运动。1919 年通过的《宪法第十八条修正案》明令禁止贩卖酒精饮料。到了 20 世纪 20 年代中期，大麻的销售依然受到联邦法律的监管，违反新规者将遭到刑事处罚。

这是美国最后一次在法律上规定酒精、麻醉类药品和大麻几乎处于同等地位。后来由于疯狂的市场需求，《宪法第十八条修正案》对酒精的禁令成为唯一遭到废除的宪法修正案。酒类再次成为随处可卖的商品，人们甚至将饮酒视作一种高端的生活方式。与此同时，使用大麻进一步被视为犯罪行为；类似的，麻醉类药物甚至处方止疼药也被视为危险的、非法的街头毒品，而这些药物在正当使用情况下本该是完全无害的。不过，人们需要注意的是，大麻的使用却反而在某些国家已经合法化了。

从医学的角度讲，这完全没有道理。无论是过去还是现在，过度使用酒精都会使人失去生命、将家产挥霍殆尽，酒精应该是最危险的药品，比其他所有毒品加起来还要危险。每天都会有 6 个人因酒精中毒导致死亡，然而还没有人死于过量服用大麻。目前，美国正处于海洛因盛行的时期，这其实是美国毒品犯罪化的一个匪夷所思的反映。鸦片类毒品的合法替代物（如奥施康定、扑热息痛、杜冷丁等处方止痛药）由于受到新的联邦条例管制，其在黑市上越来越难买到，从而导致了海洛因的再次流行。海洛因比处方止痛药更便宜，于是药物成瘾者改用海洛因。

如果你想知道美国药物（和酒精）管控的规律和原因，历史书并不会告诉你。1966 年《麻醉药品康复法案》（*Narcotics Addict Rehabilitation Act*）又给这段超现实的历史传说加了一笔。受到某些先进思想的冲击，这部法案给了法官一定的自由权，他们宁可让被告接受戒瘾治疗，而不是进监狱。这是 1914 年禁毒战争以来牢固的法律系统露出的一个缺口。

这部法案带来的后果却超出了起草者的预料。突然间，社会鼓励每个地方社区开放自己的治疗机构，甚至认为这是应该的。除了将瘾君子们关入监狱，地方官员没有其他治疗方法和经验，针对这一问题，他们只能采取匿名戒酒互助会（Alcoholics Anonymous，AA）的方式，这也是他们唯一有所了解的解决办法。然而，一个问题随之产生，互组会共同创始人之一比尔·威尔逊 (Bill Wilson) 最初认为，匿名戒酒互助会应建立在完全自愿的基础之上。但是新的法规要求互助会必须建立规定的时间流程和规章制度，这就成了一种变相的监狱。康复产业在美国迅猛发展，赚得盆满钵满。

物质成瘾背后的科学

科学如是说：成瘾并不等同于借酒消愁或社交应酬等调节心情的方式，从某种意义上来说，我们都在本能地理解这一科学常识。毕竟，我们并不是随便吃一片处方药、抽一根大麻烟甚至吸一包海洛因就意味着成瘾。我们一旦理清了这一误区，就能明白物质成瘾的确是一个医学问题，而且世界上所有医学机构都将其归入疾病的范畴，其中也包括世界卫生组织。显然，如果物质成瘾没有明确地符合疾病的界定，那我的专业领域——成瘾医学也就不会存在了。

物质成瘾和相应治疗程序的脱节，很大程度上源于康复运动的历史。社会和医学机构不接纳成瘾者，于是他们只能寻求其他领域的外部帮助，这一趋势一直延续到今天。事实上，从20世纪30年代以来，匿名戒酒互助会和所谓的"12步咨询项目"一直垄断着美国的成瘾治疗方法，只有大约10%的康复诊所提供了真正的循证疗法。

几十年以来，仿佛教会一般的匿名戒酒互助会采用12步治疗方法，倡导节制和对"造物主"的臣服，这一直是康复产业中的主流疗法。受历史影响，针对物质成瘾和药物使用失调的治疗偏离了主流医学，让如今的我们仍然备受其害。

为比尔·威尔逊说句公平话，他从未企图将自己的匿名戒酒互助会变成商业盈利机构，也并不敌视传统药物治疗。在俗称《蓝宝书》的《匿名戒酒互助会：成千上万人的戒酒之道》（*Alcoholics Anonymous: the Story of How Many Thousands of Men and Women Have Recovered from Alcoholism*）一书中，他明确提醒了互助会成员不要自诩为医生，以免对其他成员造成伤害。威尔逊本人也呼吁探索医学戒酒的新疗法。20世纪60年代，当医生们发明出有助于治疗毒瘾的美沙酮时，威尔逊甚至亲自恳求那些医生们也为酒瘾者们发明一种相似的药物。

此外，在循证疗法出现之前，成瘾者们受到社会的歧视和不公，匿名戒酒互助会是其唯一的出路。在这个没人理解他们的世界里，匿名戒酒互助会至少为千万受伤的灵魂提供了一个安宁的避风港。

匿名戒酒互助会面临的问题来自两个方面。第一是松散的组织结构，互助会不保留任何个人记录，所有成员的身份都是保密的。第二是立场不甚明确，甚至会有自相矛盾的观点和声明，任何人都可以对互助会的哲学观念进行解读和阐释。比如，互助会的教义《蓝宝书》上说，酒瘾是一种疾病，然而推荐疗法中却丝毫没有提及药物和科学疗法。充其量，匿名戒酒互助会只能说是一种带有精神色彩的心理咨询，就好像我们今天所说的"团体治疗"。

匿名戒酒互助会进一步强化了社会对瘾君子的刻板印象，因为其声称如果 12 步疗法没有效果，那么问题不在于治疗的程序，而在于患者自身不够坚定。《蓝宝书》中的原话是："只要认真彻底地遵循我们的 12 步疗法，失败者甚少。那些未能康复者都是因为不愿全身心地投入到这一简单的程序中，这种情况通常发生在那些本性不诚实的人身上。他们如此不幸。他们并没有过错，他们似乎只是生来如此。"

从某种意义上来说，他们"似乎只是生来如此"这句话想表达的意思是明白无误的。但是，匿名戒酒互助会通过将简单的事实披上伪科学的外衣，为当今的康复产业奠定了基础。在美国，康复产业打着匿名戒酒互助会的幌子，并未提供真正的治疗，却赚取着丰厚的利润。

举足轻重的康复产业

毫无疑问，戒瘾康复已经成为一个产业。2013年，这一产业创造了超过340亿美元的丰厚利润，而其中使用的90%的治疗手段完全基于匿名戒酒互助会所谓的12步疗法。甚至连互助会内部都承认，在所有参加过互助会的人群中，只有5%到8%的参与者能在超过一年的时间内远离酒瘾或药物成瘾。事实上，21世纪初，人们开展了一项针对戒瘾治疗项目的综合研究，后来发表了名为《酒瘾治疗方法手册》(*The Handbook of Alcoholism Treatment Approaches*)的报告。其中，在总共48种治疗手段中，匿名戒酒互助会只排在第13位。正如在《爱丽丝漫游仙境》中一样，一些事实发生得完全没有道理，并且和你的预期完全相反。

那么，为什么所有的康复诊所不选择科学的戒瘾治疗手段呢？毕竟，提供科学有效的治疗方法并不一定与赚取丰厚的利润互不相容。

问题就在于盈利的程度。如果康复诊所采用了科学的治疗手段，就会导致经营成本上升，利润缩水。循证医学疗法必须由经过训练的医学专业人员来完成，而12步疗法在很大程度上是靠参与者自我管理的，康复机构几乎不需要雇佣劳动力，最多也就需要支付戒瘾咨询顾问的费用，而在美国的大多数州，这份工作完全不需要任何资质证明（甚至连大学毕业证都不需要）。

绝大多数康复诊所都不采用循证医学的另一个原因是没有这个必要。美国的联邦法律中没有针对戒瘾治疗中心的相关管理规定，而各州内部大部分的法律也都定义模糊，没有执行力。的确，在大多数地区，你在自家客厅就可以办一个康复诊所，任命自己为首席咨询顾问，然后光明正大地为自己的诊所打广告，这样做丝毫不犯法。而且，你可以鼓吹自己的诊所采用的是 12 步疗法，这样就完全不会有人把你开诊所视作一出闹剧（连匿名戒酒互助会自己也不会反对的）。

不幸的是，这套经营诊所的虚假做派并不仅仅在后院小作坊上演。南加利福尼亚的贝蒂·福特医疗中心（Betty Ford Center）和明尼苏达州的海瑟顿治疗中心（Hazelden Foundation）是戒瘾治疗领域最有声望的（两家）机构，它们在 2014 年合并为一家企业。合并后，新机构的首席执行官马克·米谢克 (Mark Mishek) 首次接受《洛杉矶时报》（Los Angeles Times）采访时，就事论事地表达了对循证医学的拒绝。他说："戒瘾治疗的非营利机构应该关注成瘾者的个人克制方面，治疗重点是采用匿名戒酒互助会的 12 步疗法。这些机构应该团结一心。我们现在正在经受着激烈的竞争。"

在美国康复产业的发展历史中，海瑟顿治疗中心具有独特的地位。1949 年，该中心第一个将匿名戒酒互助会的 12 步疗法作为治疗标准，这一事件本身就经历了奇特的发展过程，因为匿名戒酒互助会的建立者比尔·威尔逊有意建立了一个自下而上进行分享的组织（他称之为一种"良性的无政府状态"）。独立的匿名戒酒互助会应该是自治的，而海瑟顿治疗中心完全将这一理念颠倒过来，建立了一个自上而下进行管理的机构，并将纪律融入治疗程序中，这实际上就是吸收了匿名戒酒互助会的 12 步疗法，而抛弃了其自治性质的哲学观。

前美国第一夫人贝蒂·福特曾有过成瘾的历史，而连她建立的康复中心都抗拒现代的科学疗法，那么公众对物质成瘾感到困惑不解就毫不奇怪了。

21 世纪匿名戒酒互助会的难题

人们没必要对匿名戒酒互助会大加讨伐。大多数临床医生每天都要接触成瘾患者，包括我自己在内。我们都承认，在治疗慢性成瘾疾病时，12 步疗法是一种很有效的辅助手段。正如治疗所有的慢性疾病一样，对成瘾者的长期治疗要求两个方面：一是医学治疗，二是心理咨询和对生活方式的选择。对某些物质成瘾者来说，12 步疗法可以帮助他们控制自己长期成瘾的状态。

然而，当匿名戒酒互助会的 12 步疗法完全代替了循证医学疗法时，问题就产生了。诚然，我们必须指责康复产业专对这些社会上最不堪一击的受害者下手，而匿名戒酒互助会自身或其中一些核心会员也难辞其咎。

　　匿名戒酒互助会中自选的监督者大多会要求他们的监管对象远离所有药物，其中也包括帮助患者治疗成瘾的药物和帮助改善抑郁症的药物，因为绝大多数患者同时都会患有一些精神疾病。对于任何医学从业人员尤其是从事成瘾治疗的人来说，这种做法都让人震惊，同样也很危险。在遵循 12 步疗法扔掉了自己所有的药品之后，很多患者遇到了严重的健康问题，有人甚至选择了自杀，我见过太多这样的案例。然而，匿名戒酒互助会宣传册上仍然写着"互助会成员都不能自称为医生，所有的医学和治疗建议都必须来自执业医师"，实际上，如果一个监督者对这条规定嗤之以鼻，要求新成员做到全方位的节制（即全面远离药品，甚至包括医学的治疗），也完全不会有什么问题。

　　匿名戒酒互助会已经够可怕了，而另一个类似的组织——戒毒互助会（Narcotics Anonymous，NA）就更糟了。戒毒互助会也采取了比尔·威尔逊的 12 步疗法，并公然声称"本组织倡导节制，任何服用丁丙诺啡等药物的行为都是对本组织理念的侵犯"。在最近，接受《赫芬顿邮报》（Huffington Post）的采访时，戒毒互助会全国办公室的公关经理简·尼克尔斯（Jane Nickels）说，如果成瘾者"用药品去治疗自己的毒瘾，那我们就会认为他们是不清白的"。

各方都须承担责任

　　医疗行业也有自己的问题。有些医生并不理解成瘾其实是一种慢性疾病（并且可以用药物医治），他们不做任何诊治，直接让物质成瘾的病人参加 12 步疗法。作为医生，他们遵循的最基本的原则就是不能伤害自己的病人，而这种对待酒瘾或毒瘾患者毫不上心的治疗方式已经违背了这一神圣宣言。接受过训练、知道如何诊治成瘾疾病的医生少之又少，只有 2.5% 的保健医生有资格开具丁丙诺啡这种最有效的戒瘾药物。

除了医生，大多数法官对戒瘾药物一无所知，他们在有循证医学中心可以选择的情况下，还是将毒瘾犯人送入 12 步疗法治疗中心。一种方法是将你的问题和其他患者分享，另一种方法是让专业的医生治疗你的疾病，两种方法究竟哪种更好？真的那么难以选择吗？

私人保险公司和公共医疗保健补助制度同样带来了其他问题。丁丙诺啡是戒瘾治疗所用的最有效的药物之一，而美国有 11 个州限制病人服用丁丙诺啡的期限，从一年到三年不等。试想，我们会限制哮喘病人使用呼吸器的时间吗？我们会设定糖尿病人注入胰岛素的量吗？这些限制反映了人们对治疗成瘾疾病的一个最基本的误区，即认为成瘾是可以治愈的。然而，就像所有慢性疾病一样（如果可以治愈的话，就不叫慢性病了），成瘾也是无法治愈的，但是我们确实可以通过成功的治疗和控制，使患者获得相对较高的生活质量。

一些政府管理的医疗机构规定了病人每个月使用丁丙诺啡的定量。如果病人的药检不合格，公共医疗保健补助制度就会拒绝报销病人使用的丁丙诺啡。可是，病人通过服用丁丙诺啡来戒掉毒瘾，体内当然会有丁丙诺啡残留。同样令人不解的还有，病人有时就算药检通过，公共医疗补助依然会拒绝报销其使用丁丙诺啡的费用。换句话说，你怎样都不会赢。

如果公共医疗补助、平价医疗法案（Affordable Care Act，ACA）或私人保险公司都不报销医疗费用，那么治疗成瘾所用的药物将会是一笔极其昂贵的开销，高达数千美元。

还有，本应为公众带来真相的媒体，有时也会弄错事实。甚至连《纽约时报》（New York Times）也会弄错，其 2013 年发表的一篇文章标题是耸人听闻的《戒瘾治疗的黑暗面》，该文章宣称，根据美国食品药品监督管理局（Food and Drug Administration，FDA）的数据，美国有 420 例死亡与丁丙诺啡有关。之后，食品药品监督管理局澄清了这一论点，指责该文章错将丁丙诺啡与所谓的用药过量导致死亡联系在一起，丁丙诺啡只是同时被检测出来而已。事实上，正如大麻一样，丁丙诺啡几乎是无法过量服用的。

最后，还有大众娱乐几十年来在公众头脑里制造的印象，让人们以为治疗物质成瘾唯一的方法就是参加各种互助会。的确，无数电影一遍又一遍地强化着这一观点，如 1945 年雷·米兰德（Ray Milland）主演的电影《失去的周末》（Lost Weekend，他凭借这部电影获得了奥斯卡奖）；1952 年的电影《兰闺春怨》（Come Back），雪莉·布思（Little Sheba）凭借片中的表演获得了奥斯卡奖；1962 年的电影《醉乡情断》（The Days of Wine and Roses，又是一部奥斯卡获奖作品，其中有什么固定模式吗）；1988 年，迈克尔·基顿（Michael Keaton）主演的电影《义勇先锋》（*Clean and Sober*）；1995 年，莱昂纳多·迪卡普里奥（Leonardo di Caprio）主演的电影《篮球日记》（*Basketball Diaries*）；1995 年，尼古拉斯·凯奇（Nicholas Cage）与伊丽莎白·苏（Elisabeth Shue）主演的电影《离开拉斯维加斯》（*Leaving Las Vegas*，前者凭借片中的表演获得了奥斯卡奖）；2000 年，桑德拉·布洛克（Sandra Bullock）主演的电影《28 天》（*28 Days*）；2006 年，瑞安·高斯林（Ryan Gosling）主演的电影《半个尼尔森》（*Half Nelson*）……类似的电影数不胜数。

诚然，循证医学疗法出现于 20 世纪 90 年代初，而很多讲述成瘾的电影都是在此之前拍摄的。不过，电影的高潮部分常常有个充满戏剧化的场景，主人公通过自己的意志力克服了酒瘾或毒瘾，这种桥段在好莱坞依然很受欢迎。而把成瘾当作慢性疾病并用现代医疗手段治疗就像治疗高血压一样，这种情节与电影相比就像白开水一样平淡。

我的故事

我是一名成瘾医疗专家、心理学家，以及南加州大学心理学和行为科学临床助理教授。我为病人治疗，给医学生上课，也做科学研究。

我写这本书是想传递一条清晰的信息：酒瘾和毒瘾是可预防的，也是可以通过医学治疗的。但是，真正激励我写成这本书，是因为我在急诊室遇到的一位年轻人。

除了诊治病人，我也为洛杉矶县心理急救服务中心（Los

Angeles County Psychiatric Emergency Services）的医学生和医师们提供实践训练。一天晚上，加州高速巡警送来一个精神和身体状态都濒临崩溃的男人。他在洲际公路上拦下了巡警，祈求他们救救自己，让自己脑中的声音不要再追着他了。

巡警立即将他送到急诊室，我也迅速得到了通知。我召集了医生和实习生团队，前往急诊室去查明情况。我永远忘不了这个几近癫狂、神志不清的年轻人，也忘不了他说的话。

他被汗水浸湿全身，仿佛一具行尸走肉。他的衣服肮脏不堪、破破烂烂，身上有多处擦伤和划痕。他整个人极度紧张不安，眼睛来回张望，似乎觉得随时都有可能有人闯入。

我们努力使他平静下来，向他保证我们是来帮助他的，并且想知道他是怎么一个人跑到高速公路上的。尽管他极度焦虑不安，但或许也正因为如此，他激动地倾诉了自己的故事。

他 30 岁，来自加利福尼亚州萨克拉门托（Sacramento），来到洛杉矶是为了治疗自己的酒瘾。在过去 10 年间，他每天都要喝掉一箱啤酒和 1.5 升伏特加，最终，他向父亲求助。他的父亲将他送到洛杉矶一个教堂资助的免费康复中心。在那里，等待他的不是医护人员、不是专业的医疗诊断和戒瘾治疗，等待他的只有一张病床和心理辅导。

他到康复诊所的第二天就出现了浑身发抖、焦虑不安、失眠及妄想等症状，这些都预示着这种戒酒方法可能会造成生命危险。他向康复中心的牧师求助，然而牧师只是给了他一片泰

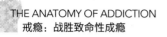

诺，并且让他去祈祷。

第三天，他整个人变得更加混乱和多疑，并出现了更加严重的幻听和幻觉。出于对自己的心智和生命的担忧，他做出了一个大胆的决定。靠着夜色的遮掩，他从康复中心逃了出来，爬上铁链缠绕的围墙，跳到另一边的灌木丛中。

逃跑途中，他的衣服被扯烂了，身上的皮肤有多处划烂擦伤。他觉得康复中心一定会派人追他，内心充满恐惧和不知所措。在漆黑的夜色中，他一路从荆棘和灌木丛中爬出来，直到看到了高速巡警。

他全力从水泥围墙上越过，来到拥挤繁忙的高速路上，在那里躲避着来往车辆，直到后来高速巡警发现了他。回想起来，他很有可能还没得到救援就已经死于车祸或自己不稳定的精神状态导致的崩溃。

我们将他的情况确诊为酒精戒断综合征，并立即为他启动了相应的医疗程序。他的病危状态在三天内就得到了缓解，但随后的 CT 扫描反映了他因常年酗酒导致的显著脑损伤。他的大脑差不多跟一个 70 岁的老年痴呆患者的大脑相仿。

在这一带，采用医学疗法的治疗中心仅有屈指可数的几家，我在其中一家为他筹到了一笔医疗基金，并亲自监管他的医护状况。现在，他已经重新恢复并能自理，拥有一份工作，定期参加教会活动，并有了一段幸福的感情。

如果当初他没能从康复中心逃出来，他可能早就死了。那时，他需要的远远不只泰诺和祈祷。我并不反对祈祷，尽情祈祷吧。但我一定要强调，不论祈祷能带给你什么好处，只要配合正确的药物治疗都能让效果大大增加。

现实情况：当今的戒瘾治疗

上面提到的那位年轻人是幸运的，他没有死于酒精戒断综合征，但其他人就没有这么幸运了。在很多戒瘾诊所，患者只能躺在病床上，努力挨过戒瘾的过程。如果他们挺过来了，那就是运气；如果没有挺过来，那只能说很遗憾。我的一个病人曾把这种地方称之为"临终戒毒所"，而这样的诊所在美国却是合法的。

如果你贫穷潦倒地生活在加利福尼亚这个文明而又先进的州，这种"临终戒毒所"就是你戒除成瘾唯一的出路。即使是有能力支付高端治疗中心费用的人，可能也会发现这种诊所同样不会提供医疗诊断。治疗中心在乎的是收益，而不是病人。康复产业是棵利润巨大的摇钱树，哪怕是收费最昂贵的康复机构，其病人的康复成功率都微乎其微。

尽管有少数优秀的治疗中心确实有专业医生全职在岗，但大多数戒瘾康复中心都不会提供全面的医学诊疗和因病制宜的个性化护理。

到底谁是瘾君子

一些读者可能正在担心自己或自己所爱的人是否有药品或酒精滥用的问题，我也特别为这部分人群写了这本书。我想要驱散误解，反驳谣言，为处于恐惧和绝望之中的人们带来希望。我写得越多就越意识到，必须要让尽可能多的人读到这本书。大多数人认为，所有经常喝酒的人都是酒鬼，所有偶尔为消遣而吸毒的人都有毒瘾，就算没那么糟，他们至少也对药品过度依赖。那些并没有毒瘾或酒瘾的人，公众却说他们有成瘾问题；那些确实有成瘾问题的人，接受的却是两种永远不变的治疗方式：口号和耻辱。

人们对某物质成瘾的可能性要低于对该物质形成依赖的可能性。据估计，人们对以下物质形成依赖的可能性依次为：烟草是 32%，海洛因是 23%，可卡因是 17%，酒精是 15%，除可卡因之外的兴奋剂是 11%，大麻是 9%，抗焦虑药、镇静剂、安眠药是 9%，止痛药是 8%，迷幻剂是 5%，吸入剂是 4%。

一系列的调查研究了长期使用尼古丁、酒精和类鸦片药物造成成瘾或依赖的可能性，结果清晰地展示了，只有少数长期物质使用者可能会产生物质依赖。

大部分物质使用者都不会发展成物质成瘾。我敢说，参加匿名戒酒互助会或使用其他类似 12 步疗法的大部分人也并非都没有酒瘾或毒瘾。他们可能放纵自己饮酒或服药，有时甚至会因此威胁到自己或他人的生命（酒驾传票给很多人敲响了警钟，而使他们向匿名戒酒互助会求助）。或许，这才是匿名戒酒互助会发挥的真正作用：让一个处境危险的酗酒者审视自己的不良行为。

真正的成瘾者是完全不同的。他们受到这种慢性疾病的困扰，明知道某种物质是有害的，却还是无法远离这种物质。酒量大的人或许会喝下一瓶伏特加，然后狂欢到深夜；而真正有酒瘾的人可能会灌下两瓶伏特加甚至更多，喝到自己昏迷不醒。真正的成瘾者无法停止酗酒或吸毒，因为他们对自己行为的控制力受到了损伤，这种控制力就包括他们无法停止自己对酒和药品的渴望。

那些人之所以真正发展到成瘾阶段，主要是由遗传所决定的。物质成瘾倾向的遗传模式表明，那些带有这种成瘾基因的遗传易感人群在首次使用某种物质后，就有更大的可能性发展成真正的物质成瘾。我们对遗传学和基因检测了解得越多，就越有可能预测物质成瘾的可能性，并找到治疗的办法。成瘾的原因并不在于药品，而在于个人的基因。

遗憾的是，戒瘾互助会及其同盟（即大多数康复中心）都不会对上述因素做出区分。戒瘾互助会的拥护者认为，戒瘾的方法就是禁欲，这种不成功便成仁的方法是康复的唯一希望，而事实上，他们对物质成瘾的认识早就过时了，但却依然极力反对任何驳斥他们的观点。康复产业的拥护者则更可笑，他们一边轻而易举地赚取成瘾者的钱财，一边用互助会的禁欲观念来为自己可悲的治愈成功率辩解。

很多时候，社会对物质成瘾的污名化甚至比疾病本身造成的危害更大。而毫无治疗资质的人还在不负责地误诊成瘾患者，迫使那些可能本身并未患病的人接受治疗，尤其这些治疗还缺乏全面的医疗诊断，这一现状对患者和整个医疗行业都是一种侮辱。

极端的偏见

当我们在关乎人命、救死扶伤的医药领域中谈论成瘾问题时，必须要对其清楚而明确。如果公众仍然处于无知之中，人们依然基于这些过时的错误观念而做出错误的决定，那么类似的不幸事件不仅会持续发生，甚至还会越来越多。任何一个善意和正直的人都不会愿意宣扬无知。

迷信往往以无知为先导。在迷信盛行的世界里，人们相信阴谋论和伪科学，拒绝先进的信息，并且顽固地坚持着陈腐的甚至充满危险的惯例。最近在一期电视脱口秀节目上，一位嘉宾有板有眼地说，做瑜伽"有巨大的危险性"，因为"印度恶魔会在你的脊柱上生根"。这个世界上充满了这样的人，他们宁愿相信恶魔的存在，也不愿相信细菌和现代医学，尽管已经有大量证据证明细菌是真实存在的，而实际上并没有恶魔。在这个信息时代，我们也接受着爆炸般的假信息和伪科学，关于物质成瘾及其治疗方法的错误观念也数不胜数。

但有个事实是确定无疑的：美国人对物质成瘾患者持有极端的偏见，而对哮喘、心脏病、糖尿病患者却并不存在同样的偏见，尽管从医学角度看，物质成瘾和这些疾病具有高度的相似性。我们对成瘾者的恐惧和不信任源于他们的行为。

关于物质成瘾，作家和社会活动家苏珊·桑塔格（Susan Sontag）说过这样一段话，她说得很对："任何由不知名物质引起的、无有效疗法的重要疾病，都会使人过度联想。最开始，人们用这种疾病来标示我们印象最深的恐惧对象（如腐败、堕落、污秽、作风不端、意志薄弱等）。这种疾病本身就成为一种隐喻。之后，这种疾病以其名义（通过比喻的方式）将这种恐惧感强加在其他事物上。这种疾病就开始被用来描述事物。"

糖尿病人并不会为了买两条士力架而开出空头支票，身患动脉阻塞的病人也不会闯进麦当劳偷汉堡，但是酒鬼却会为了买酒而开出空头支票。那些由于成瘾而大脑损伤的病人，他们做决定时首先考虑的永远是满足自己的欲望。

成瘾是可治疗的

医学的发展正处在激动人心的时期。科学技术的惊人发展使我们能够真正地研究人脑的运作方式，慢性疾病治疗领域不断有重大突破，其中也包括对物质成瘾的治疗。科学家们正在研究成瘾治疗最前沿的技术，试图确定可能遗传物质成瘾的11种基因。

受到社会的误解和偏见，物质成瘾的科学治疗方法依然蹒跚不前，然而在这条黑暗的隧道里，我们隐约能看到尽头的亮光。还记得2014年海瑟顿治疗中心和贝蒂·福特医疗中心合并时，其首席执行官是如何吹捧12步疗法的吗？但与此同时，在聚光灯背后，海瑟顿治疗中心的首席医疗主管马文·塞佩莱（Marvin Seppala）正在将丁丙诺啡等循证医学疗法引入其治疗程序，获得的效果立竿见影。在海瑟顿治疗中心，所有参与全新的医学辅助疗法治疗鸦片成瘾的病人群体中，流失率下降到7%；而没有参与新疗法的病人中，流失率依然高达22%。在这个项目运行的第一年，没有一例病人死于用药过量。

如果康复产业的两大巨头都能看到科学的曙光，改变根深蒂固的刻板印象，采用医学辅助疗法，那么整个成瘾治疗产业还有希望。

另外一点，我们也必须牢记在心，正如美国的医疗体系是私人运营的一样，美国的戒瘾治疗产业在全世界同样是个特例。在其他任何工业化国家里，物质成瘾都被视为一种慢性疾病。1995 年，法国开始建立循证医学方法来治疗物质成瘾，之后，法国用药过量致死人数下降了 79%。其他西方国家也报道了类似结果，包括芬兰、葡萄牙、瑞士和澳大利亚等，这些国家匿名戒酒互助会持有的理念从没有像美国那样深入。

在美国，公立资助的"巴尔的摩丁丙诺啡开端计划"（Baltimore Buprenorphine Initiative）见证了采用循证医学疗法的效果，从 1995 年起 15 年间，该城用药过量致死率骤降 50%。

当我们将物质成瘾视为疾病而非犯罪行为时，治疗领域才会迎来更大的进展。在这之前，物质成瘾这种疾病的治疗方式仍会把持在观念错误的业余者和企图获利的康复产业人士手中，而他们将权力和利益置于患者的健康之上。

由于遗传基因，有些人生来就容易患上物质成瘾疾病，为了挽救更多的生命，我们必须携起手来，消除社会对这个群体的偏见，确保社会大众在这一问题上能够获得正确的公共教育，防止病人接受无效甚至有害的疗法。

第2章　10个关于成瘾的最大认识误区

在耗资数十亿美元用于类似禁毒战争这样的伪战役之后，美国公众无疑对酒精成瘾与药物成瘾更加困惑了。这是一项罪行？是道德堕落的结果？是家长的责任还是孩子的过错？公众在种种不同的归因中感到迷惑。

这一现象事关重大，因为公众对酒精和药物的认知、使用甚至滥用都影响着政府对此采取的政策。从法律对非法持有违禁药品者判处刑期的时长，还有数十亿用于成瘾治疗的纳税人所花费的角度看，有关酒精和药物成瘾的正确信息对社会有着巨大的影响。

这也是一件生死攸关的事。无数成瘾者被法庭送往治疗机构（或自发寻求）去参与一些治疗项目，然而参与这些治疗项目的成瘾者几乎都是康复无望。这不是因为没有切实有效的治疗方案，而是由于大多数美国人、医生、法官以及成瘾咨询师漏掉了一些关键信息。

基于医学来有效治疗酒精和药物成瘾的唯一障碍就是信息的误传和愚昧无知。

在本章中，我会直截了当地叙述，不会绕弯，更不会隐藏别有用心的含义。只有让美国公众和他们选举出来的领导人知道并真正理解了有关酒精和药物成瘾的真相，他们才会共同协商出理性、有效的对待成瘾的策略。

那么，接下来就随着我一起了解这个黑名单：大众对酒精和药物成瘾的 10 个认识误区。

因为成瘾是意志力和禁欲的问题，所以药物没有作用

成瘾是意志力和禁欲的问题，这是人们对成瘾最大的误解。1930 年，发生在一位名叫比尔·威尔逊的失业投资银行家身上的事件意外地成为了整个国家错误认知成瘾的开端。威尔逊在建立不久将成为匿名戒酒互助会的组织时，他正因酗酒接受一家医院的治疗，用于治疗的是一种实验性药物，其有效成分是颠茄（Belladonna），颠茄最出名的药效是致幻（一次摄入过多的话甚至会致死）。一个将要建立起美国 21 世纪成瘾治疗标准的人，在大萧条期间发现并开始服用精神刺激药物，这难道还不够讽刺吗？

事实是，无论是过去还是现在，都没有证据能够证明匿名

戒酒互助会采用的 12 步互助小组疗法有任何成效。其实，匿名戒酒互助会从未宣称自己采用的是治疗成瘾的最终办法或是合格的理念，而是强调自己采用的伪精神性哲学并不适用于所有人。

一次整体的成瘾治疗包括药物治疗、心理咨询和调整生活方式几个步骤，匿名戒酒互助会采用的 12 步治疗项目也有助于其进展。并且，上文提到的这种治疗方案更像是慢性脑疾病（如双相型障碍）的治疗方针。然而，匿名戒酒互助会本身就是美国成瘾治疗存在的问题之一，因为它坚定的方针是仅仅采用禁欲的理念就能创造康复的奇迹。

幸运的是，现代科学能让我们知道一些不同的事实。我们采用像核磁共振这样的诊断工具，可以发现成瘾者大脑回路的连接是不同于正常人的。20 世纪 90 年代中期，成瘾治疗性药物出现并投入使用，成功终止了患者对成瘾物的渴望这种被视为物质成瘾的特征，至此，人们相信了药物治疗能够起效。多亏了循证治疗，成千上万曾因成瘾而身心疲惫的患者得以拥有一份工作并开始纳税，与亲朋好友一起过上正常快乐的生活。

成瘾者应该为滥用药物和酗酒而接受惩罚，因为最终，这会让他们更明理

在美国，因成瘾患有物理性依赖疾病不构成一项罪行。但如果引起成瘾的物质是非法的（如违禁药品），那么当事人将会被逮捕，并因持有违禁物质的罪行而被起诉。但是，这种做法不仅让这类人得不到专业医疗人员的帮助，还让他们不断与犯

罪的黑社会打交道，这让他们遭受了更大的折磨。

试想一下，如果违禁物质中包括胰岛素和喷雾剂，那么监狱里将关满了糖尿病人和哮喘病人。

美国最高法院法官波特·斯图尔特（Potter Stewart）在 1962 年就曾清晰有力地定义过这个问题，他在罗宾森加利福尼亚案件（Robinson v. California）中写道"药物成瘾是种疾病而非罪行"以及"因疾病而惩罚当事人违反了美国宪法第八修正案"。

另一方面，大量研究结果告诉我们，治疗药物成瘾的人要比逮捕他们入狱更加经济。

酒瘾具有的爱丽丝梦游仙境似的特征和美国的刑法进一步印证了一个事实：酒精在所有成瘾药物中对个人和社会造成的后果最具毁灭性，但却是合法的。酒精被大量销售和商业化，甚至大众文化也在美化酒精。

酒精不同于其他药物，它更易于控制，不容易成瘾

由于特定的文化，我们对嗜酒者不像对药物成瘾者那么苛刻。我们一旦想到对海洛因上瘾的人，脑海中浮现出的一定不是一位吸引人的、出色的公民。大众将这类成瘾者视如恶魔、可耻的窃贼和不法分子。然而很多人并不知道，海洛因一度被视为一种美妙的药物，而且是完全合法、能在柜台上买到的。

拜耳公司（Bayer）首次引进海洛因的时候（阿司匹林也是由拜耳公司引进的），结核病和肺炎是两种主要致死病，甚至连

普通咳嗽和感冒都可能致人残疾。而海洛因不仅能使患者呼吸平缓下来，还能充当镇静剂让患者得到恢复性睡眠，因此人们将其视为上帝的礼物。在当时，海洛因正式用于治疗哮喘、支气管炎、结核病甚至酒精成瘾。

1900 年，发表在《波士顿医学和外科期刊》（*Boston Medical and Surgical Journal*）上的一篇文章提到："海洛因与吗啡相比有许多优点。它没有催眠作用，而且就算习惯性使用也并不危险。"海洛因在美国大范围地使用，并且女性用于减缓痛经的药物中都含有海洛因。可卡因也曾是合法药物，被用作麻醉剂和兴奋剂，常配合海洛因用于各种各样的药物治疗，这些药物治疗多数都与酒精有关。

可卡因和海洛因的价格一直都很便宜，它们直到成为非法药物后价格才瞬间走高，而那些已经对这些药物成瘾的人别无选择，只能以一切可能的手段拿到钱向非法药贩交换药品。

人们一直都将酒精和部分冲动、无法控制行为的人联系起来。1849 年，《酒鬼》这个词在瑞典被第一次使用，但是根据记载，首次用于指代对喝酒有着不可控制的冲动的词是"嗜酒狂"（dipsomania），它出现在 18 世纪早期。这个词的本义是指不可遏制的渴望，但是很快就被用于特指不可遏制地摄取酒精。

有关嗜酒狂的经典描述是由瓦伦丁·马格南（Valentin Magnan）于 1893 年撰写的，你会发现，他非常出色地描述了今天我们称为酗酒的这种行为：

嗜酒者先是有一种模糊的不适感。嗜酒是一种对饮酒不可抗拒的突然需要，尽管嗜酒者经过了短暂而激烈的纠结。该危机可持续一天至两周，其中包括快速大量摄入酒精或任何其他正好在手边具有强烈刺激性的液体，而无论其是否适合饮用。嗜酒涉及单独的酒精滥用，让嗜酒者丧失所有兴趣。嗜酒会以不确定的时间间隔复发，这种间隔通常出现在患者清醒时，嗜酒者甚至可能表现出对酒精的反感和对自身行为的强烈懊悔。这种反复发作可能伴随漫游倾向（漫游癖）或自杀冲动。

西格蒙德·弗洛伊德（Sigmund Freud）认为嗜酒是强迫性性行为的一种复杂的替代行为，醉酒后的神志不清可视作一种扭曲的胜利，因为它成功地钝化了回避强迫性性行为的痛苦，并处于一种令人迷恋的、彻底被动的掌控感中。弗洛伊德认为无论是否处于恍惚状态，运动行为是强迫性性行为的核心，而反复饮酒是运动技能之一。

无论弗洛伊德的心理分析是否准确，他都对酗酒危机提出了深刻的见解。"他在失去一切之前从未停止，"弗洛伊德写道，"诱惑物一向具有不可抗拒的本能，无论你当初做了多么庄严的决定，总会被摧毁，麻木的快乐及道德败坏告诉你，你在自我毁灭（自杀），所有这些因素在这个过程中都保持不变。

弗洛伊德假设了一种遗传成分，并指出强迫性饮酒和强迫性赌博的相似之处。他认为这种强迫性与大脑的中毒性器质疾病有关。数十年的后续研究已证实这种观点是正确无误的。

人们曾经想将嗜酒和躁郁症（即现在的双相情感障碍）或假性躁郁症联系起来。然而，因为当时没有成瘾药物的专家，所以人们除了注意到这些特征外，并没有任何关于这些疾病的医学实证研究。

如今我们知道，酒精是最普遍的被人滥用的药物，它致死的人数超过其他所有药物致死人数的总和，并且酒精成瘾最难治疗，因为它同时影响着大脑中的多种受体（而其他药物往往只影响一种或两种受体）。

实际上，所有吸食甲基苯丙胺或者快克的人都会成瘾，而且其成瘾者越来越多[1]

就像吸食其他所有毒品一样，大多数吸食甲基苯丙胺[2]和快克[3]的人可能永远也不会上瘾[4]。吸烟成瘾的可能性约为 32%，海洛因约为 23%，可卡因和纯可卡因约为 17%，酒精约为 15%，除了可卡因其他兴奋剂约为 11%（比如冰毒），大麻约为 9%，抗焦虑药物、镇静剂、催眠药约为 9%，止痛药约为 8%，致幻剂约为 5%，吸入剂上瘾的可能性约为 4%。最根本的是，大多数人很容易在药物成为真正的问题之前停止用药。

许多关于冰毒和快克的消息都是错误的。单单这些街头毒

---

[1][4]　作者在书中阐述的有关成瘾、毒品等观点均来自其临床研究，但某些观点在我国并未得到认可，且不符合我国现行的有关毒品的法律法规。编者在此提醒读者，珍爱生命，远离毒品。——编者注

[2]　甲基苯丙胺：国内习惯称冰毒。——译者注

[3]　快克是可卡因的一种。——译者注

品的名字就让政客们气得口吐白沫，毫无疑问，这些毒品是危险的，但也不至于让他们对其歇斯底里。

我需要重申的是，大多数吸食过快克的人并不喜欢这种药物，也并不会再次使用。2004～2006年，超过75%的吸食过快克的人在之后的两年内都没有再次使用；有15%的人偶尔会使用一些快克，但都没有达到上瘾的程度。

即使快克和可卡因是同一种毒品的不同形式，但是公众和司法系统对这两者的态度却截然不同。

根据全美药物使用和健康调查（National Survey on Drug Use and Health）的数据，有784万美国人（占总人口的3.3%）有过吸食快克的经历。然而，据报道，有46.7万人（占总人口的0.2%）在调查前30天仍在使用快克。如果快克在使用后立刻成瘾，那么这个数字将会更大。

根据同一个调查结果显示，在12岁以上的美国人中，有5.9%的人曾经尝试吸食可卡因，并且直到现在仍在使用（他们在过去30天内曾经使用过可卡因）。人们使用快克的同类统计数据也是5.9%。因此，可卡因和快克未来的使用趋势不存在统计意义上的显著差异。

并且，快克和粉末状可卡因不存在药理学差异。快克只是固化成块状的粉末状可卡因，让人更易于吸食。吸食快克带来的效果更加强烈，但这是由于吸食方式而非毒品的纯度。无论如何，人们很难让使用可卡因和快克的人在量刑上显著差异合理化。

类似地，在人们的认知里，快克不仅更容易上瘾，也更容易致死。滥用任何药物（非法或合法）都是对健康有害的。然而，人们认为快克是主要的致死原因并不正确。所有非法药物致死的人数总和不到死亡总人数的1%。对比来看，超过18%的人的死亡是由于使用烟草。每年，按照合法方式使用合法药物而导致死亡的人数超过了所有服用非法药物死亡人数的总和。

人们认为使用快克会让人产生暴力行为，而使用可卡因则不会。但是研究表明，吸食快克并不会导致暴力行为。涉及使用快克的施暴一方并非由于受毒品的药效影响，而是由于其与犯罪组织的竞争和／或在法律实施过程中的争执。

与可卡因和快克类似，冰毒被认为是没有免罪价值的毒品。没错，大约100年前就有类似的言论用于对酒精使用的禁止和判刑。错误的是，人们认为冰毒的使用率在上升，而治疗吸食冰毒的人比治疗酗酒者更难。

在美国，人们对冰毒的使用在20年前达到了高峰，之后略微下降或保持平稳。冰毒成瘾与其他药物成瘾并无明显区别，但是与烟瘾不同，香烟最令人上瘾，也最难戒。无论是冰毒、海洛因还是酒精，要想成功戒掉它们并不难。

就像大多数喝酒的人并不酗酒一样，大多数兴奋剂使用者（如使用冰毒）并没有成瘾，他们能靠自己或亲人朋友的帮助停止使用。只有少数吸毒者有成瘾问题并需要接受真正的药物治疗，他们也是我所关注的人群。

美国司法政策协会（Justice Policy Institute）常务董事杰森•森登伯格（Jason Ziedenberg）说过："冰毒对于一些人来说确实是个问题，但也是一个被过分高估的问题，人们只需注意使用冰毒的频率并且注意量刑的标准就好。每年，有 10 万人死于酒精成瘾，所以我仍然认为酒精是美国最危险的毒品。"

对一种毒品上瘾的人会对所有毒品上瘾

这种说法是错误的。使人成瘾的某种毒品与成瘾者个人独特的脑内化学变化相一致。大多数酒精成瘾的人不会对冰毒上瘾，大多数吸食海洛因的人也不会经常使用冰毒，类似的案例还有很多。现在的情况是，如果成瘾者使用的毒品很少见（也就是说很昂贵）或根本找不到，那么这类成瘾者会转而去寻找另一种毒品。

处方药比非法毒品安全，因为处方药是由医生开出的

美国疾病管制局最近公布了几条关于美国药品使用和死亡的事实，这些真相令人震惊。

- 2013 年，有 43 982 例过度使用药品、毒品致死的案例，其中有 22 767 例（占比 51.8%）涉及药品，尤其是鸦片类止痛药（也称处方止痛药）、兴奋剂和镇静剂。
- 2011 年，约有 140 万例急诊病例涉及非医学用药。在这

些就诊案例中，有 501 207 例与抗焦虑剂以及治疗失眠的药剂相关，有 420 040 例与类鸦片止痛剂相关。

- 2013 年的过度用药致死率是 1999 年的两倍，而在 1999 年，医生大幅度地增加了处方止痛药的使用。

- 2013 年，超过 17 万人因过量使用处方止痛药而死亡，同时还有 40 万人因此而进了急诊室。

美国疾病控制预防中心（Centers for Disease Control and Prevention，CDC）表示，20 世纪 90 年代出现的处方止痛药流行病是美国有史以来最严重的疫情。对此，该中心主任汤姆·弗里登（Tom Frieden）于 2014 年向《赫芬顿邮报》的记者表示："实际上，这起疫情是美国面临的各种疫情中为数不多的持续恶化案例。"

为了回应这些观点，《今日美国》（USA Today）编辑部在 2013 年 11 月刊里写道："美国致死率最高的药物不是海洛因和可卡因，甚至也不是快克，而是完全合法的、用于治疗疼痛的处方药，这些药物为人熟知的名字是维柯丁（Vicodin）、氢可酮和对乙酰氨基酚片剂（Lortab）以及通用氢可酮。"

我们可以从以下惊人的数据中看出处方药问题的严重程度：氢可酮止痛药是美国处方药物治疗中最常用的药物，在最近一次统计中，其涉及的处方就有 1367 万个。我们从另一个角度来看待这个问题。2010 年，医疗部门开出的处方止痛药足够每个美国成年人每 4 小时服药一次，连服一个月。

2014 年，美国食品药品监督管理局和联邦毒品管制局开展了一次打击处方药流行病的联合行动，这次行动对氢可酮、维柯丁以及其他主要的止痛药进行重新分类，这些处方药原本属于医疗物质分类，但它们却有很大的危害。这次倡议还要求病人向药剂师本人提供由合格的医疗机构开具的手写处方单，此举是为了防止病人多次通过传真或打电话的方式到多家药店开处方药。

这一行动带来的好消息是，这样做真的有效果，促使非法或合法处方药市场的热潮开始逐渐减弱。而带来的坏消息是，对处方药成瘾的人将成瘾物换成了更危险的毒品——海洛因。

使用大麻造成了非常广泛的影响，也是滥用药物的主要原因，所以持有少量的大麻不应该被合法化或非犯罪化

我本可以写一本书来讲述人们对大麻的误解，但我在此只解释两点。第一，即使现在美国的一些州已经把私人消遣性使用大麻合法化了，但也仍然没有一例因过度吸食大麻而致死的案例。数以万计的人死于过量使用酒精或处方止痛药，但几乎没有人死于过量使用大麻，这是为什么？引用美国国家癌症学院（National Cancer Institute）的说法："大麻不同于鸦片类药物，大麻素受体并不在控制呼吸的脑干区域，因此人们使用大麻类药物或大麻不会达到致死的吸食量。"

使用处方止痛药可能会使人停止呼吸，然而人们可以在整晚吸食或摄入大麻的同时却对呼吸毫无影响，因为大麻并不会影响大脑控制呼吸的区域。

第二，没有证据能表明让大麻合法化、取消使用大麻的刑罚，以及通过其他方式使公众更容易获得大麻等会增加人们对大麻的使用。事实上，根据最近一次针对美国8~12年级青少年的全国性学校调查结果，在实施医用大麻合法化的21个州，大麻可得性的增长并没有显著改变其使用率。该研究由哥伦比亚大学梅尔曼公共卫生学院（Mailman School of Public Health, Columbia University）的研究者所领导，越来越多的研究证据与该项研究一同支持了"大麻合法化使其可得性提高，但却不会提升其使用率"这一观点。

话说至此，我依然支持对大麻进行管控。人们现在还没有制定大麻使用剂量的联邦标准。使用大麻的问题在于其包装并未标准化（包括缺少清晰的警告标签），这在一定程度上导致了含大麻的食物、饮品、片剂存在重大风险。如果吸食者通过类似吃饼干的方式摄取大麻，并不会像吸烟结合吸食大麻这种方式一样摄入大量的四氢大麻酚（tetrahydrocannabinol，THC）。四氢大麻酚是一种大麻的提取物，可能会损害吸食者的认知和运动技能，如果吸食者在驾驶汽车，就会有潜在的致命风险。

摄入过量的四氢大麻酚同样会提高吸食者患精神疾病的可能，有太多人在急诊室里因为四氢大麻酚导致的中毒和惊恐发作而死亡。食用不受法律约束的注入四氢大麻酚的食品，对食品有严重精神障碍的人来说更加危险。最近，一项发表在英国杂志《精神病学》（*Psychiatry*）上的研究结果表明，大量服用四氢大麻酚会导致易感病人患上精神分裂症。

最后，添加一定量四氢大麻酚的布朗尼、曲奇和糖果等食品对孩子来说都是一项隐患，这一共识应该已经很明显了吧？美国的制度条约中规定，和大麻差不多的烟草和酒精都是仅仅针对成人使用的合法娱乐性药物，并且有标准化的剂量和包装。如果按照这些规定来服用它们的话，为什么要禁止使用大麻呢？

海洛因主要流行于贫民区

2014 年，美国医学会杂志《精神病学分册》（*JAMA Psychiatry*）上发表了一篇内容全面的研究，名为《美国海洛因使用状况的改变》（*The Changing Face of Heroin Use in the United States*）。这篇研究认为，不同于大众的观念，如今大多数海洛因成瘾者并不是从吸食大麻这种毒品开始，走向毁灭的"丝绸之路"（silk road[①]）。取而代之，他们第一次药品使用是通过朋友、家人或街头非法交易所获得的处方止痛药，在家里吸食并获得兴奋感。

就像我在前面提到的，美国限制处方止痛药的运动把成瘾问题的重点转向了海洛因。不幸的是，与此同时在黑市里，因为在致幻剂泛滥的国家中海洛因过量生产，海洛因的价格越发便宜且数量充足，如位于南美洲、东南亚、西南亚的一些国家。

---

① silk road：一个非法在线毒品销售平台的名称。——译者注

　　非常突然地，新处方止痛药流行病转变成了新海洛因流行病。2014 年，发表在《大西洋月刊》（*The Atlantic*）上的一篇文章写道，"10 年的处方止痛药依赖时期过去之后，美国政府对医生和制药公司进行了打击，人们只能寻求更便宜的、更易获得的替代品。现在，各地都在想方设法控制这场空前的海洛因危机。"

　　海洛因曾经只流行于美国城市，尤其是黑人贫民区；而现在，它已经在白人聚集的郊区和乡村地区流行起来。这个问题在佛蒙特州（Vermont）尤其严重，这里原本是人们心中的田园生活圣地（更不要说本杰里冰淇淋总部也在这里），州长的整个 2014 年度演讲都用于唤起人们对这场正在控制该州的"全面扩散的海洛因危机"的关注。

　　2014 年，在一篇题为《因为止痛药打开了关键的大门，过度使用海洛因致死的人数达到 10 年前的 4 倍》的文章中，医学日报网（Medical Daily）称死亡率由 2000 年的 0.007‰ 跃升到 2013 年的 0.027‰。更麻烦的是，2010 ~ 2013 年，死亡率提高的幅度更大：前 10 年增长 6%，而现在则增长到 37%。根据该文章，"在这种趋势下，隐含的基础性变化因素是海洛因的使用方法和使用的人群，后者更加重要。在过去 10 年里，过量服用海洛因致死的人口统计学特征发生了巨大的变化。2000 年，45 ~ 64 岁的黑人成年人是死亡率最高的群体，达到每 10 万人中死亡 2 人。2013 年，18 ~ 44 岁的白人成年人成为死亡率最高的群体，每 10 万人中死亡 7 人。一些人认为，海洛因污名的消退是产生这种变化的原因。"

助长这场流行病的是一种新型的、更加纯净强效的海洛因，它可以通过鼻吸或抽烟的方式达到刺激感，然而以前的海洛因只能通过注射的方式摄取。所以，一旦我们在场，就要打破其他人对"吸食大麻的主要群体是青年人"的错误理念。实际上，处方止痛药成瘾主要盛行于年龄更大的群体。2012 年，因过度服用鸦片类药物住院的人主要集中在 45~64 岁这一年龄段。据美国医疗保健研究与质量局（Agency for Healthcare Research and Quality，AHRQ）的数据显示，20 年前因过度服用鸦片类药物住院的人主要集中在 25~44 岁这一年龄段。

根据新的联邦管制条例，处方止痛药的供给紧缩，婴儿潮时期出生的人会将成瘾物换成大麻（他们曾经远离过它吗），但是在这之后，根据美国国立卫生研究院的数据，人们使用最普遍的非法药物是海洛因（以不需注射的新型方式）。

酗酒者和成瘾者在接受有效的治疗前，必须遭受沉重的打击

"必须遭受沉重的打击"这个说法是匿名戒酒互助会另一条违反科学的戒律，匿名戒酒互助会欢迎处在成瘾各阶段的酗酒者加入。如果你身边还有人是匿名戒酒互助会的成员，你一定能感受到，遭受过沉重打击已经成为他们的荣誉奖章。

没有医学科学能证明成瘾者在接受有效治疗前必须先遭受沉重的打击，如在陋巷中昏倒、开车撞向树干以及差点死在医

院或者监狱等。这就好比说，糖尿病人在得到有效的治疗前，
必须先经历一次低血糖休克。患有慢性病（如哮喘、心脏病、
双相情感障碍或者物质成瘾）的人较早接受治疗会比较好。总
而言之，这种必须遭受沉痛打击的想法完全就是谬论。

为什么我们会持有治疗成瘾这种慢性疾病需要包含重大打
击这样的观点呢？部分原因在于匿名戒酒互助会的起源。它的
创建者比尔·威尔逊当时已经失去了所有对自己有价值的东西，
并因患病被送入医院治疗。就在这段时间里，他表现出要成立
匿名戒酒互助会的念头。深陷困境的他成为了所有匿名戒酒互
助会追随者的榜样。

另一个原因是匿名戒酒互助会教条的花言巧语。"遭受打击"
成为匿名戒酒互助会在其成员戒酒失败后为自己辩驳的借口。
他们会强行解释，协会规定只能使用禁欲的方式来治疗。这一
指令对那些中途退出的人不起作用，原因在于这些人还没有遭
受沉痛的打击。现在，沉痛的打击到来了。在匿名戒酒互助会
的世界观里，治疗项目从来不会有问题，一旦成瘾复发就是病
人自身的过错。

**用药物治疗成瘾没有成效，因为只是用一种药物取代了原
先的成瘾物，不仅如此，成瘾者还会再次对新的药物成瘾**

最近的科学研究表明，成瘾的过程与大脑奖赏回路的过度
刺激有关。一项发表在《每日科学》（*Science Daily*）上的研究
认为，药物成瘾的机制相当简单："大脑奖赏回路被过度刺激，

以至于这个奖赏机制自行开启来适应成瘾的新情况，无论这种成瘾物是可卡因还是纸杯蛋糕。"

那么从医学角度看，治疗成瘾的关键就非常清晰了：中断对大脑奖赏回路的刺激。这就是匿名戒酒互助会和 12 步互助小组疗法混淆的有关成瘾的原因。当为患者提供合适的药物治疗达到禁欲的目的时，药物就会停止患者对成瘾物质的渴望。但对于大多数人来说，仅仅是聊一聊关于停止渴望的话题，或者是听一听其他成瘾者的故事，并不能达到消除他们对成瘾物的渴望的目的。

现代医疗科学已经给我们提供了一系列药物治疗的处方药，这些药物已被证实能有效地中断具备那些成瘾特征的渴求。我将在第 3 章中详细地说明这个过程，但现在可以说明的是，在治疗鸦片类（如处方药、海洛因、吗啡等）成瘾的所有药物中，丁丙诺啡是最有效的，它是一种类鸦片派生药物，且已经获得美国食品药物管理局的认证。当患者将自己服用的鸦片类成瘾物改成丁丙诺啡后，其成瘾通常就中止了。这是因为丁丙诺啡带来的兴奋存在上限。患者可以鼻饲、吸入或注射自己想要剂量的丁丙诺啡，但是额外的剂量并不会让他们出现什么不同的感觉。

部分成瘾者会持续使用丁丙诺啡几个星期或几个月，还有些患者会持续治疗几年。治疗成瘾没有一刀切的方案。成瘾是一种需要进行个性化诊疗的复杂病症。丁丙诺啡能帮助患者重新找回对大脑奖赏回路的控制力，从而过上正常的生活。

在本章的最后，我将聊聊有关丁丙诺啡成为街头最受欢迎的药物这件事，但原因可能不是你想的那样。

舒倍生（Suboxone）是丁丙诺啡的商品名，它被严格地管控，只有经过有关药物成瘾问题方面特殊训练的执业内科医生才能开具这种药的处方，且只有 2.5% 的初级保健医生持有这种证书。

2015 年，一篇发表于《赫芬顿邮报》的开创性文章，其主题是有关循证治疗的缺乏 [詹森•彻克斯（Jason Cherkis）写的《渴望自由》（Dying to Be Free）]，文章中提到美国许多州都在想办法控制海洛因的流行，"成千上万的成瘾者拿不到舒倍生，许多来自肯塔基州、俄亥俄州、纽约州中部和佛蒙特州的医生和诊所报告了候诊清单"。在俄亥俄州的一个县，一家诊所的候诊清单上就有高达 500 名患者。

我们需要清楚的是，舒倍生对止痛药成瘾以及海洛因成瘾很有效，所以成瘾病人对这种药的需求非常大。一旦患者不能合法地得到舒倍生，他们就会转向黑市求购。就像我之前所说的，美国成瘾问题的严重程度远不如成瘾治疗行业。

第 3 章　成瘾，一种医学疾病

45 岁的乔安妮·坎贝尔（Joanne Campbell）并不是你想象中的那种成瘾患者。她是三个乐观且薪酬丰厚的成年子女的母亲，同时还是一位成功的零售企业家。

她出生在休斯敦，是个传统的少女，20 岁前她几乎不沉迷于酗酒或吸毒。她 21 岁（即达到该州法定饮酒年龄后）才开始和朋友一起出去饮酒。后来，她结婚了，并和丈夫一起养家糊口。

28 岁那年，她接触到可卡因并开始滥用。那年她和丈夫离婚了，三个孩子由她抚养。"2000 年，我和三个孩子的父亲分开后就开始更加频繁地酗酒。"她说。

在接下来的 10 年时间里，她时常回忆起滥用可卡因对自己造成的严重影响。"我认为，过去几年里不当使用和滥用酒精使我对酒精产生了依赖，"她说，"在我 35～43 岁这段时间里，我对酒精的依赖程度时强时弱。我的生活有几年过得不错，而有几年却很糟糕，许多事情都变得难以应付，于是我饮酒越来越多、越来越频繁。我相信自己一辈子从没遇到过那么多令人难受的事情。"

2011 年圣诞节过后不久，乔安妮过来找我。节日期间，她的三个子女各自独立生活，她则独自一人在家开始自己的居家日常活动——可卡因和酒精的狂欢，直到她来找我的那一刻才停下来。当为她感到担心的子女们回家给她下了最后通牒时，她知道自己必须寻求帮助了。

她害怕失去一切，包括她的子女，但这种害怕最后变成了事实。有几年时间，她一直认为靠自己就能戒掉可卡因和酒精。有段时间，她甚至每周去看心理治疗师，认为自己能够通过单纯的咨询而恢复正常。

她尝试过参加匿名戒酒互助会和采用 12 步疗法，但她并不认可这些治疗方法。"我想自己也有一部分问题，"她说，"我不相信任何治疗方法会有效。"

考虑到乔安妮每况愈下的健康状况，她的治疗师推荐她在我的监督下接受一种循证疗法。顺利脱毒后，乔安妮开始接受一项管理渴求感的治疗项目，主要通过联合药物干预和认知行为疗法（cognitive behavioral therapy，CBT）进行治疗。

三年后，她过得很充实，也有了自己的小事业。她现在仍然会定期找我做戒瘾治疗，但从那以后，她的酒瘾和毒瘾再也没有复发过。

酒精和药物成瘾是一种有很强遗传倾向的慢性疾病。这种描述是不是听起来似曾相识？没错，几乎每种慢性疾病都会被这样描述，其中包括心脏病、中风、癌症、糖尿病和哮喘。成瘾也跟精神疾病很相似，它不仅是一种有遗传倾向的慢性病，还是一种脑部疾病。

当你在做一些愉快的事情时，就会影响到一种叫多巴胺的脑内物质的分泌。假设有个基于多巴胺含量来测量快感的量表，那么吃东西和喝水大概是2分，性爱大约是4分，吸食可卡因是8分左右，吸食冰毒则是12分。

有意思的是，可卡因和冰毒都能增加神经元突触中多巴胺的含量，但前者是阻止多巴胺的再摄取，而后者则是帮助机体释放更多的多巴胺。因此，尽管这些药物有着相似的效应，但它们的作用机制完全不同。

我们需要明白的最基本的一点是：成瘾是一种健康状况，而不是道德败坏的表现。人们对酒精和药物成瘾应该选择哪种治疗方法：是通过意志力、灵性和对话治疗，还是通过身体诊断和循证治疗？这个看似古老的争论已经结束了。成瘾和脑内化学物质之间的联系已经非常明确。当成瘾治疗中出现行为和认知治疗方法时，那些纯粹基于心理治疗或12步疗法的治疗项目就不能充分治疗物质成瘾这种具有遗传和生理基础的疾病了。

解构成瘾症

物质（包括酒精和可卡因之类的兴奋类药物等）成瘾并不都是因为饮酒或使用药物而造成的。成瘾主要是由遗传因素、快感及大脑奖赏通道的过度刺激共同作用的结果。

在乔安妮的例子中，我第一次对她进行诊断时，她戒酒的动机就十分清楚。她爱自己的子女，希望拥有自己的事业，也知道自己有能力改变自己的生活，但她却难以抑制心中对酒精和海洛因的渴求。"有时我的酒瘾／毒瘾会缓解几个月，"乔安妮困惑地说，"但当我想要逃离自己的生活时，我又不由自主地沉醉于酒精和毒品了。"

现在，我们知道为什么世界上的"乔安妮"们都无法自救了。成瘾是一种伴随着大脑解剖结构和功能改变的疾病。我们通过脑成像技术 [如标准磁共振成像（MRI）和计算机断层扫描（CT）] 可以清楚地观察和研究大脑解剖结构的改变。我们还可以通过正电子放射断层造影术（PET）或功能磁共振成像（fMRI）来观察和研究大脑的功能性变化。这些改变发生在大脑的奖赏、动机、记忆及其他相关回路上，其中有些是可逆的，但有些在目前看来是不可逆的。

正如心脏病会明显降低心脏的代谢能力一样，药物滥用也会导致大脑出现类似的代谢率降低的现象。成瘾和心脏病、糖尿病、哮喘之间有明显的相似性，它们都有遗传基础且容易受到个体自主行为的影响。

人的行为受大脑控制，脑部患有疾病自然就会引起其行为异常。大脑发生的这些改变使人变得很难根据自己的意愿做出明智的决定。个体受到疾病的折磨就会不由自主地做出有害的行为，尽管这样做既伤害身体又会产生不良的社会后果。换句话说，一个酒鬼就算知道再喝一瓶伏特加很可能会要了自己的命，特别是他正驱车去买酒的路上，他也会毫不犹豫地自己开车去买。

大约有 10% 的风险人群会出现酒精或药物成瘾，而其他人则不会。或者，我们可以这么说，大多数饮酒者、吸食可卡因或海洛因的人并不一定会成瘾[①]。这是为什么呢？研究表明，成瘾有一半是由基因所决定的。例如，酗酒者的子女酒精成瘾的概率是正常人的 4~5 倍。

我们还不清楚药物和酒精对成瘾者大脑的具体作用机制，但现在已经对它有所了解。我们知道，进入个体大脑中的酒精和药物会打破神经系统的微妙平衡，电子脉冲会携带大脑对身体其他部位的控制信息和指令沿着神经网络进行传导。一种被称为神经递质的物质使我们的身体保持正常运作，包括从最基本的呼吸和摄食等活动，到更复杂的过程 [如快乐寻求（包括恋爱）和"战或逃"等反应（这就是我们会下意识地躲避迎面

---

① 作者在书中阐述的有关成瘾、毒品等观点均来自其临床研究，但某些观点在我国并未得到认可，且不符合我国现行的有关毒品的法律法规。编者在此提醒读者，珍爱生命，远离毒品。——编者注

驶来的车辆的原因）]。

成瘾的神经生物学原理十分复杂，但许多研究表明有两种神经递质对酒精和药物成瘾起到关键作用：γ–氨基丁酸 (GABA) 和多巴胺。γ–氨基丁酸是一组调控电子脉冲的抑制性神经递质；而多巴胺则完全相反，属于能提供快乐奖赏的兴奋性神经递质。在保持平衡的前提下，这些神经递质能让个体生活充实而快乐，不至于过度偏向"快乐"那端。

也就是说，在这两种神经递质的共同作用下，个体能达到古往今来哲学家们所推崇的"适度"[希腊哲人埃皮克提图（Epictetus）就是最早发现这个规律的人之一，他曾经说过："一个人如果跨过适度的界限，就意味着其人生最大的快乐将戛然而止。"]。

就算是正常人，他们的大脑结构也会像成瘾者那样被药物所改变。使用精神药物可以人为地刺激多巴胺的过度分泌，同时阻止 γ–氨基丁酸抑制剂的分泌。此时，大脑全然不顾埃皮克提图禁欲派的忠告，而突然变成颓废派奥斯卡·王尔德（Oscar Wilde）的信徒——"无度才是王道"。

但最终，正常人脑内抑制性神经递质会"抑制住"多巴胺的过度刺激，从而使个体停止酗酒或药物滥用。但成瘾者的大脑则抑制不住。他们要么存在先天缺陷，要么已经将某些神经递质消耗殆尽。更糟的是，他们的酒精或药物滥用程度越严重，脑内神经递质受体的敏感性就越低。

┌─ **专栏**

成瘾基因是否存在

在接受 ABC 新闻采访的间歇，我看到奥斯卡奖最佳男演员奖得主小罗伯特·唐尼（Robert Downey）出现在《名利场》（*Vanity Fair*）杂志的封面上。在该杂志的一篇文章中，唐尼谈到了他担心自己的成瘾人格会遗传给儿子因迪奥（Indio，你可能也想起了因迪奥因为非法持有可卡因在 2014 年 10 月份被逮捕的新闻）。

我赞同唐尼对成瘾遗传倾向的认识，但他的儿子吸食可卡因并不意味着他必定会成为"瘾君子"。大多数青少年都会滥用药物，这是诸如美国这样的个人主义国家文化里个人成长的一部分，不管父母是否喜欢。

数十年来的科学研究已经表明，成为一名成瘾者至少有 50%~75% 取决于其基因，但这并不意味着成瘾者的所有子女都会成为"瘾君子"，临床经验和数据统计都能证明这点。然而，成瘾者的子女确实成瘾的风险更高，认识到这点能让他们选择有助于降低成瘾风险或控制成瘾程度的生活方式。

目前，尚无恰当的生物标记用来判定个体是否属于遗传性成瘾，因此我们必须借助像核磁共振成像和行为分析法这类行为和诊断性工具进行预判（详见第 5 章）。但如果某基因被确定为成瘾基因会怎么样？是否就意味着我们可以通过操纵成瘾基因而彻底避免成瘾呢？

研究者正把目光聚焦在药物和酒精成瘾的遗传学基础上。美

专栏

国国立卫生研究院、国家酒精滥用与酒精中毒研究所、国家药物滥用研究所都在进行相关研究，以期对酒精和兴奋性药物的作用机制进行解释，其主要通过识别能预测酒精／药物使用且能影响潜在分子或相关行为因素的特定基因来进行研究。

新近的研究表明，成瘾基因并不是单独存在的，而是由一组 5~11 个与酒精和药物滥用相关的基因组成的。印第安纳大学（Indiana University）的研究者在已发表的研究结果中提出这样一个问题：如果发现个体这 11 个成瘾基因中存在遗传倾向，那么他／她一定会或至少极有可能会成为一个成瘾者吗？下文将对这一问题进行讨论。

其他研究则将关注点放在药物成瘾的表观遗传学上，即研究长期使用药物（特别是大量使用）将如何改变个体的 DNA 结构。我们人体的大多数 DNA 在出生时就保持不变，但也并非那么绝对。环境因素（从环境辐射到日常生活压力）会对我们的身体和大脑功能产生持久的影响。

在旧金山加利福尼亚大学（University of California）的一项研究中，科学家发现长期滥用酒精会改变那些抵抗成瘾的特定基因的化学特征。这些基因的化学结构一旦改变，其保护系统将难以恢复正常。正如研究者所言，这种机制将有助于解释"为什么只有 10% 的人会罹患酒精使用障碍，而剩下 90% 经常饮酒的人却不会"这一疑问。

换言之，神经科学向我们揭示了药物和酒精滥用的基本原

┌─── 专栏 ─────────────────────────────────┐

理：特定基因会导致危险的行为，同时危险的行为模式也会改变基因的表达方式。

　　这个原理的意义在于：首先，如果通过了解个体的家族史确定其有成瘾遗传倾向，那么就可以提前进行预防，以避免某些行为诱发成瘾障碍（如避免饮酒或使用娱乐性药物）。

　　其次，了解成瘾的遗传学和表观遗传学基础对未来成瘾的治疗乃至预防都将十分有益。

　　最后，利用特定基因进行治疗和疾病预防的基因治疗技术正在蓬勃发展，并即将步入主流医学行列。如果在不久的将来，医生能通过在病人的细胞中植入一段基因来矫正导致成瘾的大脑异常回路，从而达到治疗酒精或药物障碍的目的，那么将会怎样？这一思路甚至可能有助于治疗慢性成瘾性疾病导致的幻觉。

└───┘

新稳态

　　成瘾者的大脑会努力适应外来毒素对脑内受体的不断刺激，从而建立起"新稳态"。最终，每个成瘾者都会达到一个临界状态，届时脑内受体将会保持永久开放。成瘾者复吸的第一口大麻或海洛因就能将其拉回到成瘾最严重时的水平。

　　这似乎就是发生在奥斯卡最佳男演员奖得主菲利普·塞默·霍夫曼身上的事，他因为摄入过量的海洛因而死亡。他坦言，在职业生涯中，自己作为一个年轻男性几乎尝试过任何一种能够获得的毒品，酒精就更不用说了。他 46 岁去世，官方死因是急性混合性药物中毒，即同时摄入了海洛因、可卡因、苯二氮平类药物和安非他明。尽管他自称节制了 20 年，但据说他去世前 3 个月还在聚会上吸食了海洛因。那一瞬间，他感受到了年轻时体验过的那种快感，似乎一切都未曾改变。

过度刺激奖赏回路不仅是导致成瘾的重要因素，同时也会使个体对过往体验产生错误的记忆。大脑会认为这种体验比预想的更美好，尽管它未必有那么好。由于记忆是个体心理结构不变的一部分，任何能勾起那段回忆的事物同时也会让你记起那种无与伦比的体验，并瞬间"触发"想要再次体验的渴望，尽管那种体验并不像记忆中那样美好。

这听起来既奇怪又不合逻辑吧？确实如此。这就是"瘾君子"的世界。这些人就算再聪明，他们的大脑也只会不停地发送错误信号。

然而，成瘾者甚至不需要通过摄入某种物质来启动"触发器"。一名酒精成瘾者只要路过酒吧、看到和酒相关的事物，一种类似戒断反应的焦虑感就会涌上心头。这就是为什么药物成瘾者和酒精成瘾者难以节制的原因。这种渴求感永远不会消失，正如任何一种慢性疾病在某种意义上都不可能被治愈一样。

成瘾和大多数其他慢性疾病的不同之处在于它对大脑产生的影响。这点相当重要，正如之前所提到的，大脑控制行为，所以患有脑部疾病自然就会引发某些行为后果。由于成瘾者大脑的变化，他们变得难以根据自身利益做出理智的决定。医学上对成瘾的定义明确指出，个体因为酒瘾／毒瘾的折磨而不顾可能会造成长期的健康问题和不良的社会后果，并强迫性地做出有害的行为。

大脑如果发生变化，采用药物治疗结合目的明确的行为矫正疗法可以帮助机体恢复平衡，而且在某种程度上也是对大脑奖赏回路损伤的修复。我们为了更清楚地表达，可以用下面这个简单但实用的公式表示：

$$GP^{①}+ES^{②}=A^{③}$$

因此，对于有遗传倾向的成瘾者而言，有效的预防性措施应该寻求多种快乐，而不应过度寻求某一种快乐。要知道，寻求频繁的、过度的尤其是那些来源单一的快感，是导致成瘾的主要影响因素。聪明的人善取中庸之道，懂得从丰富多样的活动中享受快乐，而且做任何一件事都恰如其分。

成瘾者具有自制力差、行为控制力差、有强烈的渴求感、否认自身行为和人际关系存在明显问题、情感反馈紊乱等特点。和其他慢性疾病一样，成瘾者通常会陷入周期性的复发和缓解。如果成瘾者缺乏治疗或康复训练，其成瘾症状会越来越严重，

---

① GP：遗传倾向（Genetic predisposition）。——译者注
② ES：过度刺激快乐奖赏通道（Excessive stimulation of the pleasure-reward）。——译者注
③ A：成瘾（Addiction）。——译者注

甚至可能导致残疾或过早死亡。

成瘾会引起执行功能受损（负责组织和处理信息的脑区），其表现为感知、学习、冲动控制、强迫性和决策等方面出现问题。成瘾者通常不愿意改变自己的异常行为，尽管亲人朋友对他们的生活感到越来越担心。另外，他们也明显缺乏对越发严重的问题和并发症的辨别能力。

青少年的前额叶还处在发育阶段，更容易出现这些执行功能的问题以及做出高风险行为，其中也包括使用酒精和其他药物的行为。成瘾者对药物的强烈渴求或沉溺于奖赏行为体现了成瘾障碍的强迫性，正如 12 步治疗法的第一步所描述的那样，这与成瘾的"无力感"和对生活的"失控感"息息相关。

酒精对大脑的影响

这里，我们应该明确药物成瘾和酒精成瘾两者的区别。就成瘾对个体生理以及健康状况的影响而言，酒精的危害更大且更隐蔽。

尽管饮酒属于合法行为且广受大众欢迎，但在美国，因过量使用酒精致死的人数远高于其他任何一种药物。酒精在各种死亡原因中位列第三，因为它容易造成人体所有重要脏器的损伤。然而，由于它的合法性，再加上它受到的歌颂和美化，导致它在现代社会的接受程度远远高于快克。要知道，20 世纪以来，可卡因和海洛因都是按非处方药进行出售的，富有的白人女性比其他群体更可能对药物成瘾，其中也包括吗啡 [20 世纪初，美国著名剧作家尤金·奥尼尔（Eugene O'Neill）多次在剧中提及自己那位吗啡成瘾的母亲，她就像进入了黑暗的漫长旅程]。

酒精成瘾对身体的影响远比药物成瘾更广泛。酒精会间接或直接导致胃癌、直肠癌和食道癌。虽然酒精并不会引起肺癌，但饮酒的人通常也会抽烟，因此你也可以说饮酒和患肺癌存在一定的关系。

过去，科学家认为酒精对所有脑细胞膜都具有广泛的破坏作用，因为作为小分子的乙醇能自由出入血脑屏障。而现在，我们知道大脑中存在一类特殊的细胞，乙醇分子通过与这些细胞表面受体上特定的疏水腔（hydrophobic plcket）结合而破坏脑细胞。

与鸦片类毒品（海洛因、鸦片、吗啡、奥施康定和维柯丁）一般只作用于一种细胞受体不同的是，酒精能影响大脑中 100 多种不同的受体，可以激活整个奖赏系统的神经递质。

酒精的神经化学作用会引发一系列短期效果，如耳边出现嗡嗡声、反应变得迟钝，这会使饮酒者酒后驾驶变得非常危险。长期来看，这些短期效果同时也是酒精成瘾的两个根本特征——耐受性和依赖性的基础。

酒精耐受性是酒精成瘾的其中一个方面，它容易导致个体过度饮酒。酒精耐受性的出现既可以是急性的，饮酒者可能喝一顿酒就会出现；也可以是长期的，饮酒者需要摄入更大的酒精量才能达到和原来一样的效果。

急性酒精的耐受性对于经常饮酒的人来说很常见。初次饮酒时，饮酒者酒后会有轻松的欣快感，但随着饮酒次数和量的增加，其体内需要越来越多的酒精才能达到原来的效果。由于遗传因素的影响，有些人的酒精耐受性比其他人更高。这些人在酒桌上比其他任何人都能喝，但同时也增加了他们酒精依赖的风险。

酒精依赖与酒精与大脑应激系统之间的交互作用有关，酒精能激活大脑应激系统。大脑应激系统的主要构成是杏仁体及相关脑区分泌的促皮质素释放因子（corticotropin-releasing factor，CRF），促皮质素释放因子能激活交感神经系统和应激行为反应。在正常的应激反应中，促皮质素释放因子会动员其他脑区协助心智和躯体去适应生理或心理应激源，酒精通过这样的交互作用方式来大幅降低脑内促皮质素释放因子水平，而慢性酒精成瘾者则正相反。

研究者指出，酒精依赖风险不断增加的个体很可能有相应的遗传基础，这使其促皮质素释放因子水平比其他人更高。这些人之所以饮酒很可能是为了缓解大脑过度激活的促皮质素释放因子应激系统。

不幸的是，促皮质素释放因子和应激系统会自我调整，以适应酒精的刺激。酒精依赖者在不饮酒时会感到不适，因为其身体很难逆转高水平的促皮质素释放因子和低奖赏水平的神经递质。这种不适感或许导致了酒精成瘾者过度饮酒的风险，这种风险就在于如此大量的酒精对大脑和身体的毒性作用。

可悲的是，大脑通常察觉不到酒精带来短期快感后的后果。当一个人饮酒过量时，他能感受到畅饮带来的愉悦感，但这种短期快感会使整个系统越来越糟糕。

并非是"这个"或"那个"，而是"两者都是"

20 世纪，学术界针对"成瘾究竟是心理障碍还是生理疾病"这一问题掀起了一场大辩论。它究竟是由于童年早期环境因素引起的行为问题——后天论？还是一种遗传病——先天论？

我们现在知道，它是两者共同作用的结果。成瘾具有很强的遗传性，其中包括行为、认知、情感以及与他人的互动等方面。与他人的互动包括成瘾者与家人、与社区成员、与自身心理状态及超出日常经验的事情的互动能力。

成瘾的行为表现和并发症主要是由于成瘾者自控力受损所致，其中包括以下几方面。

- 以高于预期的频率和（或）剂量过度使用和（或）沉溺于成瘾行为，通常与持久的渴求和失败的行为控制尝试相联系。

- 长时间沉溺于物质使用或需要长时间从物质使用和（或）成瘾行为的影响中恢复，同时其社会和职业功能受到严重影响（如人际关系发展出现问题或对家庭、学校、工作缺乏责任感）。

- 不顾因过度物质使用和（或）相关的成瘾行为导致的持续存在或反复出现的身心问题，而仍然继续使用物质和

（或）沉溺于成瘾行为。

- 行为技能窄化，只关注成瘾的奖赏部分，且尽管能意识到问题的存在，却明显缺乏采取持续应对变化的能力和（或）准备。

久而久之，反复的物质使用或成瘾行为破坏了大脑的奖赏活动，之前的自主性奖赏就不复存在。个体一旦戒断药物使用或相应成瘾行为后，就会出现焦虑、躁动、不稳定的情绪体验。这些不良情绪体验与次优奖赏、大脑与荷尔蒙应激系统的激活相关，几乎所有成瘾药物的戒断都是如此。

尽管机体耐受性增加，但却不会增加其对情绪低落的耐受，这种情绪低落与"中毒—戒断"循环相关。因此，成瘾中的人会不断努力获得兴奋感，但他们会更多地体验到越来越深的低落感。虽然每个人可能都想获得快感，但那些成瘾者却觉得需要使用成瘾物质或通过成瘾行为来解决其不良的情绪状态或戒断的生理反应。尽管使用成瘾物质或通过成瘾行为不一定能带给成瘾者快感，但他们依然会强迫性地使用成瘾物质。

成瘾并不仅仅甚至绝大多数时候并不是自身选择的结果，了解这一点十分重要。成瘾并不是一种人们期望的状况。你还记得本章开头部分乔安妮说的话吗？她不想再继续了。她意识到自己应该停止对酒精和药物的使用。为了她的家庭和事业，她没有理由不停止。但她停不下来，至少在没有被成功治愈之前是这样。简单地说，人们可能会追寻快感或买醉，但没有人会选择成为一个瘾君子或酒鬼。

专栏

滥用 VS. 成瘾

这些年来，"滥用"和"成瘾"这两个术语已经被多次定义。1957 年，世界卫生组织成瘾药物专家委员会（World Health Organization Expert Committee on Addiction-Producing Drugs）将"成瘾"定义为：

因重复使用药物（天然的或合成的）而导致的周期性或长期慢性中毒状态。其主要特点包括：（1）无法控制继续使用和采取一切手段获得药物的渴求和需求（强迫性的）；（2）有增加使用药物剂量的趋势；（3）对药物作用产生精神（心理）和生理依赖；（4）对个人和社会造成伤害。

1964 年，新成立的世界卫生组织委员会认为该定义不够恰当，建议使用概括性术语"药物依赖"取代"药物成瘾"。

2001 年，美国疼痛医学学会（American Academy of Pain Medicine）、美国疼痛协会（American Pain Society）以及美国成瘾医学协会（American Society of Addiction Medicine）共同给出了以下定义：

成瘾是一种原发的、慢性的神经生理疾病，其发生及临床表现受到遗传、社会心理及环境因素的影响。它包括以下一种或多种行为特征：因药物使用过度而出现控制能力受损的行为，强迫性使用药物，不顾药物造成的伤害而对其持续使用的渴求感。

专栏

这一定义还对生理依赖做了界定：

生理依赖是一种由某类药物引起的特定戒断综合征状态，其可由突然戒断、用药量骤减、血药浓度的降低和（或）服用拮抗剂引发。耐受是指机体对某种药物的身体适应，随着机体对药物摄入的适应，机体需要更大剂量的药物以达到原来的药效，即对摄入的适应。

《精神疾病诊断与统计手册》（*Diagnostic and Statistical Manual of Mental Disorders*）中也不再使用"成瘾"一词，而用"物质依赖"替代。该手册对物质依赖有一段这样的解释：

当个体不顾物质使用带来的问题而坚持使用酒精或其他药物时，便可诊断其为物质依赖。使用者强迫性和重复性使用药物可导致其对药物作用具有耐受性，当减少或停止使用药物时，其会出现戒断症状。这些问题和物质滥用一起被称为物质使用障碍（Substance Use Disorders）。

美国国家药物滥用研究所（National Institute on Drug Abuse，NIDA）建议对药物滥用采用以下定义：

成瘾是一种复杂但可治疗的疾病，它以强迫性的药物渴求、寻求和不顾后果的持续使用为特征。对大多数人而言，成瘾会发展成一种慢性疾病，甚至在经过长期的禁戒之后依然可能复发。作为一种慢性、复发性疾病，成瘾需要持续的治疗来延缓复发和降低药物使用强度。通过个性化的治疗，药物成瘾者可恢复健康并过上充实的生活。

专栏

2011 年，美国成瘾医学协会（American Society of Addiction Medicine，ASAM）公布的"成瘾"新定义中强调：成瘾是一种慢性脑病，而不仅仅是一种有关过度饮酒、使用药物、赌博或性交的问题行为（该协会经常向公众和医学专家提供有价值的信息、指南和成瘾研究）。这是该协会首次以官方身份提出成瘾不仅与异常物质使用相关这一观点，以下是其对成瘾最新定义的简化版：

成瘾是一种有关大脑奖赏、动机、记忆以及其他相关回路的原发慢性疾病。这些回路功能紊乱会导致典型的生理、心理、社会和精神各方面的临床表现，并体现在个体通过物质使用和其他成瘾行为病理性地追求奖赏和（或）慰藉。

"最主要的是，成瘾不仅仅是社会问题、道德问题或犯罪问题，它还是个体大脑疾病表现在行为上引发的这些范畴问题，"美国成瘾医学协会前任主席迈克尔·米勒（Michael Miller）说道，他负责监督对成瘾进行的界定，"成瘾引起的许多行为确实是实际存在的问题，甚至有时是犯罪行为。该疾病是关于大脑的问题而不是药物的问题，是关于潜在的神经病学问题而不是外部行为问题。"

2014 年，哥伦比亚大学成瘾和物质滥用中心（Columbia University's Center on Addiction and Substance Abuse）发表了一个具有划时代意义的研究，该研究对成瘾的定义作了进一步修订："成瘾是一种会影响大脑结构和功能的、复杂的且通常是原发的慢性疾病，它可以有效地被医学及其他卫生领域专家所干预、治

专栏

疗和管理。"

为什么这些用来描述成瘾的词语如此重要？因为人们在谈论成瘾的时候会交叉使用各种词语，包括试用（experimentation）、使用（use）、不当使用（misuse）、危险性使用（hazardous use）、过度使用（excessive use）、危险行为（risky behavior）、滥用（abuse）和依赖（dependence）。如果我们这些从事成瘾治疗的人都不能在某个定义的准确用词上达成一致的话（哪怕我们本来是应该用"成瘾"这个词），那么我们想要取信于公众就更难了。

人们需要能被准确定义且非常清楚的东西，以做出有关自身健康、家人幸福的明智决定。如果我们不能对成瘾达成统一的术语，将不利于我们对这一慢性疾病做出正确诊断。

第 4 章　成瘾的医学后果

在酒精和药物成瘾方面，美国人有种奇怪的、不一致的观点。研究表明，当今大多数美国人确信遗传基因和生物因素都在成瘾的发展中起作用。但是，一项最新的调查显示，当使用不同的方法问及这个问题时，仅有 34% 的美国成年人认为成瘾首先是一种疾病或健康问题。

人们很容易指责被错误信息误导的公众出现的明显矛盾，但居然有多达 43% 的医师认为酗酒从根本上来说是个体弱点或道德问题造成的结果。但是，作为一名在洛杉矶县总医院急救室工作超过 5 年的医师，每天处理由于酒精和药物导致的致命性生理后果，我知道成瘾是一种严重的疾病，成瘾者需要医疗护理。

成瘾引发的需要医学关注的情况超过 70 多种，每种流行的成瘾药物对人体的影响不同，药物产生的后果相互交叉，包括脑损伤、精神症状和综合征（妄想、偏执、焦虑和抑郁），造成的生理症状从胃肠道症状（严重胃痛、疼痛、无法控制的腹泻和呕吐）到增加患包括高血压、心脏病、肝病、多种癌症、骨折、胰腺炎、肺炎、甲型肝炎、肾衰竭、溃疡以及尿路感染在内的疾病风险。

对于女性来说，成瘾可引发绝经、流产、使儿童出现出生缺陷（我们在第 10 章中可以看到更多先天性胎儿酒精综合征引发的不必要的悲剧）。对于男性来说，成瘾可导致睾丸缩小和阳痿。或许，导致的最严重的医学后果数据是自杀率的提高：大约 18% 的酗酒者会有自杀行为，超过 50% 的自杀行为跟酗酒和药物依赖相关。

神经功能受损

所有过度行为都会产生不良后果，人如果饮用太多的酒精饮料，首先会失去协调性，然后思维变得混乱，这叫作神经功能受损，也就是真的喝醉了。

尽管酒精消费是被社会所接受和法律所允许的，但在美国，酒精导致的损害和死亡超过使用其他麻醉药品的人。酒精是第三大导致死亡的原因，因为酒精会攻击人体的每个重要的器官系统。简而言之，在医疗问题的列表里直接导致死亡的问题中，无节制地使用酒精要比娱乐性药物（软性毒品）使用得更多。

人们在礼仪性社交场合使用酒精也可以是无害的，适度和得体地使用酒精是既定的、被遵守的标准，但是酗酒则完全是另外一回事了。那些沉溺于酒精的人也会经常使用其他药物，这是一个严重的问题。使用酒精与其他药品会带来一些问题。例如，酒精与可卡因的相互作用存在着潜在危险，两种药物混合后是最常见的导致死亡的混合物。另外，那些被归咎于使用海洛因过量致死的案例中，酒精和海洛因的混合使用也许是真正的原因。

前面我提到，酒精会对人体造成多种损害。如果你需要更详细地了解与酒精相关的损害列表，请参考以下内容：高血压、心肌损伤、心力衰竭、中风、严重缺乏维生素 B1、糖尿病、胰腺炎、夜盲症、肺炎、脱水、肾衰竭、缺乏维生素 D 导致的骨折、消化系统炎症、溃疡、胃肠道穿孔、尿路感染。最终，酗酒者会因酒精中毒、酒精过量中毒以及器官衰竭而导致死亡。

下面我谈一下酗酒与肝硬化以及长期大脑损害等问题。

你的肝脏每小时仅能分解一杯标准饮酒量，酗酒对于肝脏来说是毁灭性的。有 10%～35% 的酗酒者患有肝炎，当健康的肝脏细胞变成疤痕组织时会出现肝硬化。这种危害是巨大的，肝硬化患者只能通过移植肝脏的治疗方案来解决。

酒精会减缓你的反应速度，损害你的决策能力，使你在准确性要求高的任务上注定失败。酒精增加了人的信心，但会降低其表现。依靠酒精只会把事情做得更糟，除了喝酒的人之外，每个人都知道这点。

人在极端天气状况下饮酒可能会导致死亡，在非常寒冷的条件下，想要通过饮酒变暖往往会得到完全相反的效果。你觉得饮酒后更暖和的主要原因是皮肤表面的血液流动增强，但事实上热量失去得更快。

如果肝脏硬化后仍然饮酒，酗酒者很可能在 7 年内死亡。在这期间，酗酒者还可能会发展成肾衰竭以及各种伤害性大脑失调。

大脑损伤

大脑出现损伤首先表现为头痛、黑矇①及短时昏迷，还会出现手脚麻木的现象。持续饮酒，大脑会出现永久性结构损伤以及老化。一名 35 岁的酗酒者的大脑萎缩程度和一个患病的 70 岁老者一样。

这种脑损伤是持续发展的。一个有关问题解决、抽象思维、记忆以及概念转换的测试中，有 45%~70% 的酗酒者都不能很好地完成，约有 10% 的酗酒者的这些功能已经受到严重损害。

我们既然在谈有关大脑损伤的问题，就不能忽略整个中枢神经系统受到的损伤。这种损伤会导致酗酒者酒精性遗忘、记忆丧失、癫痫、惊厥、妄想、幻觉、痴呆以及暴力行为。

精神病学的问题

人们对酗酒者的调查研究显示，超过 40% 的酗酒者都存在

---

① 黑矇：眼前发黑、头晕、视物模糊的症状，可能由酒精使用引发。——译者注

一种或多种精神病性症状。研究结果同样显示，在存在精神障碍的人群中，有 28% 的人同时存在酒精依赖。所以，人们经常要回答的问题是：精神问题和酗酒问题哪个先出现？

人们使用酒精和其他药品会引发精神症状，以及类精神症状。使用酒精会引起妄想、幻听、幻视、焦虑和抑郁，一些患者在停止饮酒一周或一个月里会出现幻听，于是就被误诊为精神分裂症患者。

根据近期的研究，有酒精使用问题的人中患精神疾病的比例几乎是没有酒精使用问题群体的 2 倍。饮酒与吸毒能引发或恶化精神障碍。同时，使用酒精也能掩盖精神障碍，戒断反应会引发精神症状或类精神症状。

精神障碍与酒精和药物问题之间相互独立也是极有可能的。

更复杂的是，人们精神病性的行为会被误解为有药物和酒精使用问题。这是成瘾医学专家和精神病评估专家在开始治疗之前进行诊断以及进行精神评估的另一个强有力的证据。

酒瓶里的自杀

慢性酗酒者的自杀率很高，他们饮酒的时间也更长。约有 18% 的酗酒者尝试过自杀行为，在所有自杀行为中，超过 50% 都和酒精或药物依赖相关。

因为酒精没有经过消化，直接经口腔、喉咙、胃肠消化道被吸收，酒精会刺激这些器官的黏膜。结果就是，酗酒者出现可怕的胃痛、恐怖的疼痛和无法控制的腹泻等胃肠道疾病。

如果这对酗酒者来说还不够糟糕，那就再加上营养不良。这听起来好像没那么糟糕，直到你意识到它意味着胰腺不能很好地运转、肝脏负担加重、血糖水平降低，这些会导致更多的大脑损伤。

如果你是男性，你想拥有萎缩干瘪的睾丸和一对女人般的乳房，请继续饮酒。你的睾丸素水平和精子数量都会因过度使用酒精而下降。你不必担心性的问题，因为你将会阳痿，并且不能进行性生活。

女性酗酒者经常会停经，甚至提前绝经，或者出现不排卵的现象。如果她们怀孕也会经常流产，侥幸存活的婴儿也常患有胎儿酒精综合征。

其他成瘾性物质

酒精是最具破坏性和危险性的社交和娱乐性麻醉品，即使无害的药品被误用也会存在医疗风险。

鸦片类

疼痛是人们咨询内科医生的一种很普通的原因。最有效的疼痛缓解成分来自于鸦片类镇痛药——麻醉性止痛片。

这类药物包括氢可酮 [Hydrocodone，如维柯丁（Vicodin）]、羟考酮 [oxycodone，如奥施康定（OxyContin）、扑热息痛（Percocet）]、吗啡 [morphine，如硫酸吗啡长效胶囊（Kadian）、硫酸吗啡（Avinza）]，还有可待因（codeine）。海洛因曾经是处方止痛药，现在则是被滥用最广泛的鸦片类药品。

如果你经常使用止痛片，你的身体就会产生依赖，而这种身体依赖并非是成瘾疾病。如果你突然停止使用止痛片，你就会恶心、出汗、发冷、腹泻、颤抖。当人们为了获得愉快的感觉服用这些药品而并非是为了减轻疼痛时，其患成瘾疾病的风险就会增加。

据美国食品和药品管理局估计，2007 年，有 3300 多万 12 岁及以上的美国人滥用缓释制剂和具有长效作用的鸦片类药物，而 5 年前这个数字仅为 2900 万。2006 年，有接近 50 000 例急诊病例都与使用鸦片类药物相关。

根据前 FDA 专员玛格丽特·汉伯格（Margaret A.Hamburg）所说："正确使用鸦片类药物是有益处的，使用鸦片类药物也是某些病人疼痛管理的必要组成部分。但是我们知道，鸦片类药物使用不当会引起巨大的风险，并给个体、家庭和社区带来严重的不良后果。"

海洛因就是摇滚的同义词，因使用海洛因药物过量而死亡的杰出音乐人物包括蒂姆·巴克利（Tim Buckley）、科特·柯本（Kurt Cobain）、詹尼斯·乔普林（Janis Joplin）、吉姆·莫里森（Jim Morrison）以及席德·维瑟斯（Sid Vicious）。像任何街头毒品一样，海洛因的危险性在于吸食者的身体无法对它进行调节和控制。如果有什么区别的话，那就是海洛因比 20 世纪六七十年代达到顶峰的嬉皮士毒品文化更危险。乔普林过量使用的毒品中纯海洛因的含量大概占 3%~5%。现在，高纯的海洛因的含量能达到 95%。没有证据显示演员菲利普·塞默·霍夫曼 2014 年死于海洛因过量与其自杀有关，因为他吸食海洛因的剂量太多而被判定为意外死亡。

然而，与大众的观点不同，将小剂量的多种处方止痛药混合使用也不安全。像霍夫曼一样，奥斯卡提名演员希斯·莱杰（Heath Ledger）死于鸦片类药物过量，但是他选择使用的是让人眩晕的一堆处方药。他的尸检结果显示，他并非死于高剂量的某种毒品（像霍夫曼的海洛因过量），而是同时存在相对较小剂量的多种药物的累积影响，这些药物包括羟考酮、氢可酮、阿普唑仑、安定、替马西泮和抗敏安。这些药物混合在一起就成为致命的药物鸡尾酒。

兴奋剂

像咖啡因一样，可卡因也是一种兴奋剂。但很显然，可卡因的药效更强。安非他明也是兴奋剂，并被用于医疗用途。甲基苯丙胺的药效更强，也可以被用于医疗用途。最近的研究显示，甲基苯丙胺具有治疗多种问题的潜力，包括阿尔兹海默病。即使对于 6 岁儿童来说，恰当使用安非他明都是安全的，并没有不良影响。所有药物在特定的情况下适当使用都是有益的。但是，误用和滥用药物会导致各种问题发生。

人们在娱乐活动中过度使用兴奋剂，有可能导致妄想、焦虑、高血压、癫痫、中风、心律不齐、心绞痛、心脏病发作及体温过高等症状。长期滥用甲基苯丙胺会导致与精神分裂症相似的严重状态。

可卡因成瘾比其他毒品成瘾更容易控制，这也是一个被误导的错误观念，事实并非如此。约翰·贝鲁西（John Belushi）、惠特妮·休斯顿（Whitney Houston）还有罗宾·威廉斯（Robin Williams）的死也都与可卡因有直接或间接的关系。

可卡因滥用会产生多种健康危害。《精神疾病诊断与统计手册》（*Diagnostic and Statistical Manual of Mental Disorders*）中列出了 10 种由可卡因引起的精神障碍，它们均是持续大量使用可卡因造成的后果。

可卡因虫

人们感觉虫子在皮肤表面或下面爬行，或者感觉虫子遍布在衣服上、家具上甚至宠物身上，这种错觉俗称可卡因虫、甲基虫或快速虫。安非他明、甲基苯丙胺和 / 或可卡因会导致身体产生一种叫作蚁行感的感觉，当与刺激性药品过量使用有关的寻找和探索行为同时出现时，会引起个体产生有大量虫子出没和寄生虫活动的错误信念。这种有关不存在的虫子的强迫想法和观察行为被称为妄想性寄生虫病。

对于可卡因和甲基苯丙胺来说，发生这些现象是因为人体不能消化或者"去掉"那些卖家为提高利润而混进来的危险的添加剂。所以，人的身体能透过毛孔加快这些有毒物质的排出速度，从而引起溃疡、痤疮还有慢性瘙痒。

兴奋剂也会引起体温升高，于是人的身体开始大量出汗，当汗液蒸发时，就会带走皮肤表面的保护性油脂。由于出汗，缺乏保护性油脂以及脱水就会刺激皮肤，引起一种有东西在皮肤上或皮肤内慢慢爬行的感觉（妄想性寄生虫病）。

这一现象在18世纪90年代首次引起关注，人们在此后几十年中对其进行了持续观察。另外，滥用兴奋剂的人皮肤上常常出现凸起的淋巴结或小的不规则体，他们会关注并尝试抠掉或去除它们，直到自己出现满身的疤痕和病灶。

一些人大量使用兴奋剂以及随之而来的缺乏睡眠和营养，他们花费数小时试图用放大镜在衣服和寝具中搜索虫子，希望找到虫子存在的证据。一些人会求助于显微镜搜寻，对于那些存在这种错觉的人来说，他们向医生、害虫控制人员或皮肤专家提供证据很常见。他们确信自己抓到过一只或更多的虫子，当医生告诉他们，他们所谓的证据只是除了自己的一片皮肤、一部分残余的痂或一片纱布外什么也没有之后，他们就会感到十分苦恼。

这种错觉发展到晚期，患者会切开自己的皮肤来寻找小虫子，或者摘除所有不同区域的毛囊。我曾经有一名女患者坚信不只自己身上有虫子，她的狗身上也有。这个无辜的生物连续几个小时被主人用小镊子一根根拔毛，直到这个可怜虫变得光秃秃的。

偏执

当某人出现偏执的症况，他就会怀疑别人的行为和动机，哪怕是最无辜的行为。人们使用以下药物会引发偏执：

皮质类固醇类、H$_2$ 阻滞剂类（西咪替丁、雷尼替丁、法莫替丁）、一些肌肉松弛药物（贝可氯）、抗病毒／抗帕金森病药物（金刚烷胺）、安非他明类（哌醋甲酯、利他林）、抗人类免疫缺陷病毒（HIV）药和抗抑郁药（苯乙肼）。

滥用酒精、可卡因、大麻、迷幻药（亚甲二氧甲基苯丙胺）、安非他明（包括利他林）、麦角二乙酰胺和苯环己哌啶（天使粉）也会激发偏执。

兴奋剂滥用导致的偏执常常会伴随过度警觉。吸毒者圈子里有所谓的"岔道儿"，受这种状况影响的人真的会站在门前，通过观察孔仔细观察外面的动静，试着看看是否有人偷偷靠近他们；他们或者站在百叶窗边向外凝视，好像自己即将遭到攻击。

使用可卡因或其他兴奋剂造成的影响中，过度警觉和偏执常常是一种消极描述，但有研究表明，其实有些人很享受这些。试想一下，当你阅读为了娱乐而使用兴奋剂的消极影响清单时，其中一种糟糕的情况是伴随心跳加快而出现的偏执妄想和恐惧。人们看恐怖电影也能达到同样的效果，这恰好提高了恐惧的强度，从而使一些人沉溺于乱用药品。

"我喜欢偏执，"我的一名患者坦承说，"我知道自己的恐惧不是真的，它并不比看恐怖电影真实，我很清楚这种感觉只是暂时的，就像游乐园中吓人的游乐设施一样，许多人都不喜欢这种感觉，但是我喜欢。事实上，这种恐怖的感觉让我非常过瘾。"

大多数患有偏执性妄想的人都没有发现这种娱乐性，并且这些妄想可能会导致患者针对幻想中的敌人的暴力事件。

大麻

酒精在美国还不合法的时期，大麻是人们唯一可以得到的合法娱乐性麻醉品。大麻的角色很快便发生了翻转，其声誉在此后数十年里明显下降。现在的美国，大麻是青少年使用的主要麻醉品，由于科罗拉多州、华盛顿州还有一些其他州进行的合法化运动，大麻注定在这些州更受欢迎。尽管酒精属于极具破坏性的麻醉品，但酒精和大麻混合使用对青少年正在发育的大脑尤其有害。

如果个体在青少年早期就开始使用大麻，并在这个关键时期持续使用，那么其大脑的大麻活性物质受体会超出正常水平的4倍多，并会导致各种各样的神经系统和心理问题，其中包括语言能力、顺序记忆处理能力、动机以及任务完成等方面出现问题。

频繁使用大麻的青少年其重要的认知功能会受到严重损害，很多研究证实了大麻对记忆力和注意力方面的消极影响。大脑仍处于发育阶段就开始使用大麻的人对各种神经和心理问题的易感性更高，其语言技能也会出现问题。

大麻吸食者群体的大学录取率较低，辍学率较高。尽管他们使用大麻之前就学业表现不佳，这也是其开始使用麻醉品的一个触发因素，然而他们一旦开始使用大麻，药物使用及附带的社会和情绪因素就会综合在一起，这将进一步破坏其学业表现。虽然在哈佛大学和耶鲁大学确实也有大麻吸食者，但毫无疑问，他们一直都是最优秀的学习者，肯定不会完全不学习而"虚度"自己的青春。

长时间使用大麻的另一个结果是导致精子数量降低，美国生殖医学会发起的研究证明了这一点，"最重要的是，大麻中含有的一些活性成分会对精子产生影响，使精子的数量朝着不孕症的趋势发展，"该研究的首席作者拉尼·伯克曼 (Lani J.Burkman) 说，"吸食大麻的人的精子游动得太快太早，受精时间总是不对，精子在抵达卵细胞之前就已耗竭，这将导致不能受精。"

作为一名成瘾专科医生，我经常治疗患者出现的焦虑、烦躁、失眠、暴力行为等大麻戒断症状。这些患者奋力远离大麻，与那些同酒精或其他麻醉品作战的成瘾者面临着相同的挑战，他们心理上的痛苦显而易见，自己更是感受到切肤之痛。

医用大麻

在我看来，医用大麻一直是医学界的笑柄。让我从荒唐可笑的使用大麻的批准过程的相关事实开始说吧。任何一个有支票簿的人都能获得推荐信，从而得到大麻。

按照专业护理的标准程序，医生对患者进行全面的身体检查并作出诊断，然后开出合适的处方药品。治疗一旦开始，医生和患者继续互动，以便了解治疗的进展和效果。

关于医用大麻的使用并没有规范的药物使用程序，医生不需要特殊训练，甚至也没有指南。人们想获得大麻同样无需处方，也不用规定其使用剂量和频率。假如你有"毛发疼痛"之类含糊不清的疾病，你只需付 35 美元，就能得到一张大麻卡。

任何人无论有任何症状，都能找大麻医生获得一封推荐信，说明自己能够从大麻中获得医学上的受益。患者就可以拿着这封信去大麻药房，挑出其最喜欢的大麻味道。

这封推荐信并不是处方（如"每天 3 次，每次 500 毫克，服用 30 天"），并且药房中没有人（包括患者）知道他们拿到的到底是什么。

专栏

大麻药片

医用大麻的商品名是屈大麻酚，它是合法的、可出售的处方药片，用于缓解化疗产生的副作用，提高艾滋病患者的食欲，其活性成分是四氢大麻酚。屈大麻酚已获得医学界和食品药品监督管理局批准（食品药品监督管理局是国家负责监管不安全和有害食品及药品的机构）。

为何使用大麻药物不采用吸入的方式？吸入式是一种糟糕的给药方式，作为一名医生，我明确地告诉你，当药品以吸入的方式使用时，想要控制安全的剂量几乎不可能。例如，人们已经证明吗啡是具有医学价值的药物，但是没有一位负责任的医师会赞

专栏

同吸入鸦片或海洛因 [①]。

　　大麻药用不能采用吸入形式的另一个原因是其中含有焦油。虽然吸烟最危险的问题之一也是由于焦油含量过高，但大麻中的焦油水平比烟草高 4 倍。当然，即使是最严重的大麻吸食者，其吸入大麻的量也与抽烟者的抽烟数量不在一个水平。如果达到同一水平的话，大麻吸食者面临的更严重的问题就不是焦油含量过高了。

　　对于成瘾医学专家以及其他医生来说，用质疑的眼光看待当今在美国加利福尼亚州和其他州实行的医用大麻计划，具有非常深远的意义。

　　与其进一步耻笑医药行业关于大麻医用的荒唐主张，不如使消遣性大麻使用合法化、征收税务，并将收益用于公共教育以及用于大麻受害者的医疗康复，这会更有意义。

　　就像大多数喝酒的人既不是问题饮酒者也不是酗酒者一样，吸食大麻的大部分成年人也不是问题吸食者或成瘾者。我关注其中的两类人。

　　首先，大麻是非法的，所以人们没有关于其含量和效力的生产制造控制标准。因此，不能说恰当地使用大麻就是安全的，

---

① 鸦片和海洛因的主要生物碱是吗啡。——译者注

因为关于什么是恰当的，既没有定义也没有安全剂量的标准。其次，人们可以预计，有一定比例的人由于遗传因素或其他因素会表现出成瘾性疾病的症状。规律性使用大麻的人中，每 6 人中有一人会出现问题，其需要某种类型的医疗干预。

像所有其他改变大脑的药物一样，在机动车驾驶过程中，使用大麻肯定非常危险，它会影响人的警觉性、专注性、协调性和反应时间。大麻还会让使用者判断距离变得困难。大麻即使和很少量的酒精混合使用也会出现最糟糕的情况，如果使用者使用了两种物质并行驶在路上，其产生的危害大于单独使用任何一种物质。

巴比妥类药物和镇静剂

19 世纪初，巴比妥类（barbiturates）物质第一次被作为药物使用；到了 19 世纪六七十年代，巴比妥类药物普遍被用于治疗焦虑、失眠和癫痫类疾病。巴比妥类药物后来逐渐演变成消遣类药物，一些人用它来减少压抑、减低焦虑、治疗由其他非法药物带来的副作用。

19 世纪 70 年代开始，巴比妥类药物的使用和滥用急剧下降，主要是因为一种更安全的镇静催眠药成为处方药，这种药物的名称是苯二氮䓬。当时，在一些备受瞩目的娱乐界人士药物过量致死事件中，巴比妥类药物滥用是直接原因或重要原因，这些人物包括朱嘉·加兰（Judy Garland，1969 年）、吉米·亨德里克斯（Jimi Hendrix，1970 年）和埃尔维斯·普雷斯利（Elvis

Presley，1977 年)。

安定（Valium）和佳乐定（Xanax）是美国最常用的苯二氮
类药物，它们也属于镇静剂。无数的人使用这些药物，但对于那
些并不需要却使用药物的人来说就有问题了。对这些药物具有成
瘾风险的人同样也具有酗酒的风险，两者结合使用可能是致命的。

戒断苯二氮类药物和戒断酒瘾一样，如果实施过程不恰当
的话非常危险。一个人如果突然完全停止使用这些物质，而不
是在医生指导下逐渐减少剂量，其成瘾是永远无法戒断的。

虽然人们计划使用苯二氮类药物来安全地替换巴比妥类药
物，但那些备受瞩目的好莱坞明星过量使用药物致死事件中同样
涉及使用苯二氮类药物，这些明星包括迈克尔·杰克逊（Michael
Jackson）和安娜·妮可·史密斯（Anna Nicole Smith）。

社会后果

近几年，人们在认真研究和专业监测之下，出现了认为沉
溺于消遣性毒品使用会产生一系列社会后果的观点。在美国，
非成瘾性药物使用者持有国家管控的物质，其需要面对的最大
的社会风险后果是被拘留和 / 或被强制性"治疗"。

根据美国国家药物滥用研究所的报告，"在针对青年群体的
药物滥用治疗中，他们承认使用的药品中大麻所占的比例最大。
大麻滥用者中，15 岁以下的人占 61%，15~19 岁的人占 56%"。美
国国家药物滥用研究所根据美国政府的研究报告获得了这一数

据，那些十几岁的孩子中大部分人都没有得到有关依赖或成瘾的治疗。当他们由于使用大麻而被拘留后，他们有接受治疗和进少管所两种选择，并不需要进行药物依赖或成瘾的相关医学诊断。

美国国家药品滥用研究所并没有提到以上事实，原因在于，其作为联邦禁毒政策的官方代表，希望读者自己推测出研究所是由于药物依赖和成瘾接收了他们。可惜，类似的事只会导致年轻人更加不信任那些反麻醉品的小册子，我们也再一次看到，人们对治疗成瘾的研究结果的应用并不是让人接受相关教育，而是对其进行宣传鼓吹。人们的意图可能是正确的，但这种方法削弱了治疗成瘾的可信度，并且夸大了治疗的危害性。

因为我担任的是医生的角色，而医生的任务就是使用治疗成瘾的医疗条件来治疗患者。你可能认为，我会赞成任何能够减少药品使用的方法。但提议并不等于已经达成，当人们并没有患成瘾疾病却在他们身上错误地贴上药物成瘾的标签时，就会降低医疗条件的可信度，使治疗成为一个笑话。

2004 年，在瑞士伯尔尼召开了一个关于特殊药物和可卡因的研讨会。彼得·科恩（Peter Cohen）完成了一个重要的综合研究，他也是《使用可卡因的社会和健康后果》一文的作者。他最后分析："对于所有药品使用和药品使用者来说，社会对其排斥和边缘化是最坏的情况。使用金钱能解决的降低药物使用者带来的伤害和犯罪率的最好办法是降低其被边缘化和排斥的程度，即使这意味着必须向他们提供那些其依然喜欢的药物并承担药物费用。在我看来，他们每天定期使用药物带来的危险远低于社会对其排斥带来的危险。"

我们必须面对现实。事实上，我在美国作为成瘾医学的实践者，看到成瘾者们普遍背负着污名，惩罚性的法律措施仍然只针对这些疾病患者制定，那些成千上万能够避免成瘾或成功治愈成瘾的人除了遭受责骂、感到羞愧、被监禁和接受略有帮助的支持性小组会面以外，得不到任何帮助。

专栏

给疾病定罪

如果你觉得自己得了癌症，你会去找癌症专家寻求医学诊断。你也可以加入应对癌症的支持小组，但你肯定会去寻求有效的医学治疗。心脏病、糖尿病和哮喘这些慢性病同样受到情感和环境因素的影响，也都可以预防和治疗。成瘾也是如此。

但在美国，成瘾疾病与其他任何一种慢性病的区别在于，成瘾疾病在很大程度上是违法的。2014 年，联邦监狱中有 52.1% 的囚犯（182 333 名中的 95 079 名）所犯罪行与毒品有关，另一个州的监狱有 265 000 名囚犯所犯罪行与毒品指控有关。

每年，有超过 160 万人因违反药物法律被捕、被起诉和被监禁。这些犯罪中的绝大多数都是非暴力的，但由于这些苛刻、过时的药品法，使这些犯罪对社会造成的暴力影响变得过于夸大。每年，美国让那些受到与毒品有关的指控的囚犯待在联邦监狱或州监狱里需要支出将近 330 亿美元；当然，还没算上其人生被毁

专栏

和家庭破裂造成的不可估量的损失。

我想强调的是，在美国，患有成瘾疾病并不是犯罪。但是，如果你成瘾的对象是非法药物的话，就是违法的，仅仅拥有这些非法物质的行为就能招致你被逮捕和起诉。这种情况让深受成瘾折磨的人不断与黑社会互动，而不是与医疗专业人士互动。

大量研究表明，与治疗有药物问题的人相比，将其投入监狱的费用更多。兰德（Rand）公司1994年所做的分析结果表明，在成瘾治疗上每增加1美元的费用，就能为纳税人节省7.46美元的社会支出，其中也包括监禁所付出的成本。

美国人口大约占世界人口的5%，但是其囚犯却占25%。在被监禁的人口比例上，美国世界第一，并赢得了一个不值得羡慕的绰号：监禁之国。

发表于《新英格兰医学期刊》（New England Journal of Medicine）的一篇题为《美国的医学和监禁流行（病）》的文章中，回顾了吸毒者和患有精神疾病的囚犯在国家监狱的悲惨处境，并总结道：

作为一项公共安全策略，人们只是把成千上万与毒品相关的人关起来的手段并不成功，当囚犯返回社会后，他们也会对社会公共健康造成危害。人们亟需新的、基于证据的应对方法。我们确信，除了利用公共健康条件进行监禁之外，为了减少大规模的监禁及其附带的后果，医学界和政策制定者必须倡导替代监禁、改革药品的政策，增加公众对这场危机的意识。

第5章　有效治疗的过程

我患有慢性疾病——糖尿病。目前，没有治愈这种病的良方，但我仍保持着相当正常的、也可以说是非常成功的生活。这是如何做到的呢？我遵循着一个专为这种疾病制定的、严格的药物治疗方案，同时通过调整自己的生活方式将与疾病相关的风险降至最低。

作为一名糖尿病患者而不是专业医师，我知道吃巧克力蛋糕无法治疗这种病，和其他病友围坐在房间里自怨自艾也对治疗疾病于事无补。这些都是荒唐的想法，但事实上，它们却是我们对那些受酒精和药物成瘾折磨的慢性病患者的期待。

在西方，尽管各国的药物政策不尽相同，但最重要的都是为成瘾者提供循证治疗，而不是对物质滥用定罪。葡萄牙已经将少量持有药物合法化。德国也同样关注成瘾治疗，但对药物走私严惩不贷。尽管在德国持有药物仍然是非法的，但检察官已经从关注对其指控转为强调治疗。荷兰以合法化大麻酒吧而闻名，但已经采取了新措施来打击像鸦片和海洛因这类"烈性毒品"（hard drugs）的走私。这些旨在降低危害的方案已经大幅减少了新的药物使用者的比例：葡萄牙降低了38%，荷兰降低了24%，德国降低了17%。

与其他西方国家不同，美国成瘾治疗的标准方案基于一套有着75年历史的哲学观，其重点是分享故事。提供这一理念的机构——匿名戒酒互助社，从未声称自己对大部分物质成瘾的人都有帮助，甚至也从未宣称自己对大部分上门求助的人都有帮助。据该机构自己估算，从长远角度而言，互助社在治疗成瘾方面是有效的，因为目前仅有5%的成瘾者参与了其小组会面。

现在，你可能会说，没有人强迫任何人去匿名戒酒互助社寻求帮助，但事实并非如此。在大多数情况下，美国毒品法庭会要求那些有轻微使用药品相关罪行的人（大多是持有少量非法药品的人）进行强制治疗，将他们指派到所谓的康复诊所，这些诊所在很大程度上或完全按照匿名戒酒互助社的治疗方案。说起来有点"奇特"，患者们会坐在一个房间里谈论自己的药物使用问题。幸运的话，他们的谈话也许能由一个药品咨询师来主持，但这些谈话往往是由一些没有大学文凭、更别说接受过任何医疗训练的人来主持，他们唯一的资历往往是由于自己是酒精或药物成瘾的康复者。

这令人难以置信，但这正是美国治疗国内第三大最广泛的慢性疾病——酒精和药物成瘾的可怜处境。

最近，位于哥伦比亚大学的国家成瘾和物质滥用中心在一个关于酒精和药物成瘾的全国范围内的研究中得出结论："与治疗其他疾病不同，大多数需要成瘾治疗的人并没有得到任何类似的循证护理。"研究还指出，这一失误的后果影响"深远"，会导致"一系列健康和社会问题，如事故、谋杀与自杀、忽视与虐待儿童、家庭功能失调和意外怀孕等"。

最具讽刺意味的是：不同于阿尔兹海默病、关节炎、哮喘等疾病，酒精和药物成瘾这类慢性病是可以预防的。我们也知道应当如何利用循证医学来对其进行有效治疗。

21 世纪的成瘾治疗

之前，我提到美国成瘾治疗的标准与药物无关。在西方、日本和其他大多数工业化国家中，人们对酒精和药物依赖的治疗均基于科学和研究。目前，美国也对成瘾者提供同样的治疗，区别在于对其使用循证疗法而不是标准疗法。

什么是成瘾的循证疗法？简单来说，循证疗法是科学方法在医疗保健领域的应用。在美国，循证疗法是除了物质成瘾之外所有慢性疾病的治疗标准。

成瘾正如我所患的糖尿病和其他复杂的慢性病一样，必须通过包括药物治疗在内的有效治疗对其加以控制。

作为一名专攻成瘾医学的精神病学家，在过去 20 年中，我一直致力于成瘾的治疗，在我看来，将心理健康服务与成瘾治疗相结合，设计出一个独立的综合方案，以满足每个特定患者的个体需求，正是攻克这一疾病的良方。

针对成瘾，使用有效的循证疗法需要以下三方面的通力合作。

- **生物学方面**。关注改善戒毒疗法；通过用药来减轻成瘾者使用药物的欲望，对其进行终身成瘾管理；如果适当的话，可对其使用相关的精神科药物。
- **心理学方面**。包括成瘾咨询、认知行为疗法、厌恶疗法和行为的自我控制训练。
- **社会文化方面**。采用社区强化方法、家庭治疗、治疗性社区、职业康复、各种动机激发技术、基于文化的特定干预以及权变管理。

这三方面在多个维度上有共通之处，如社交技巧训练、复发预防技术、自我和相互帮助程序、互助小组和化学厌恶疗法。

成瘾是一种慢性疾病、一种由大脑紊乱造成的病症。酒精和药物成瘾就像高血压和哮喘一样，有生物、心理和社会成因。循证疗法必须包含这三方面的因素。

同样重要的是，对每个患者而言，其治疗方案必须是个性化的。我们并不是说当前大多数康复诊所采用的匿名戒酒互助会的 12 步疗法不好，只是其治疗效果还不够充分。从根本上来说，短期或长期的成瘾治疗需要三项基本要素，而 12 步疗法缺少了生物医学和心理科学两方面的要素。这种疗法还持有一种放之四海皆准的理念，任何偏离了其"禁欲"主要宗旨的理念都被认为是异端邪说。对于治疗物质成瘾这样复杂的病症而言，这种简单的方法对大多数人都不适用。

有个好消息是，正如糖尿病人可以通过适当调节（监测血糖水平、常规体检、服用胰岛素、调整饮食等）而过上正常的生活一样，酒精或药物成瘾患者也可以通过适当调节自己的生活方式从而过上正常的生活。

评估

在开始成瘾的循证疗法之前，我们需要对患者做全面的内科和精神科的诊断和评估，还要对个人的心理和社会因素进行评估。

作为全面医疗检查的一部分，成瘾者必须要做心电图检查（EKG）和全面的血液化学分析。血液代谢检测是一组化学测试，包括测量维生素、矿物质、胆固醇、蛋白质、血糖、电解质以及其他身体的需求和功能。

在开始治疗之前，成瘾者可能还需要进行脑电图（EEG）、计算机断层扫描（CT）、核磁共振（MRI）或正电子发射断层扫描（PET）等一系列诊断，以确定其大脑结构或功能损害的严重程度或其他跟脑部相关的问题。总而言之，酒精中毒和药物滥用都是大脑造成的问题。

经过以上诊断，一个经过成瘾医学培训的医生可以确诊患者成瘾的严重程度。美国成瘾医学协会由 3200 多名医师和相关专家组成，致力于增加成瘾治疗的方法和质量，该协会定义了成瘾的严重程度的 6 个维度：（1）潜在的急性中毒和／或戒断症状；（2）生物医学状况和并发症；（3）情绪／行为状况和并发症；（4）接受／阻碍治疗情况；（5）复发的可能性；（6）康复环境。其目标是通过评估成瘾的严重程度和医学诊断的验证来匹配患者对合理治疗服务的需求。

有效治疗的关键

纯粹只是生理方面造成的疾病的数量很少，包括酒精和药物成瘾在内的大部分疾病的成因都是多方面的，其中可能包含生物医学、心理学和社会文化等。当把这些因素整合到一个综合性的治疗方案中时，人们才能对成瘾者进行有效的治疗。

让我们进一步明确：物质成瘾的有效治疗是高度个性化的，需要训练有素的医生对患者的生理和心理两方面状况进行评估。对于有些患者来说，他们不需要进行心理治疗；但对另外一些患者而言，他们则需要优先考虑心理治疗。有时，我们对患者的家庭成员进行咨询很有必要（尤其是对青少年成瘾者），但这些在其他案例中是不必要的，甚至还会起到反作用，为所有的患者提供统一治疗的康复诊所也涉嫌违背医学伦理。这些康复诊所如果不清楚这些，就应该主动去了解。

暂且不论有效的成瘾治疗所需的个性化方案，我们十分确信一点：想要成功地进行酒精和药品成瘾的治疗，首先必须解决生物学因素，修正大脑在此过程中的化学失衡。

接下来，让我们更深入地探讨一下循证疗法的三个方面。

生物医学疗法

如果我们认可成瘾是一种经过科学证实的疾病，我们就必须认识到药物治疗可以弥补甚至逆转疾病的病理症状。无论治疗的是什么疾病，药物发挥作用时都会产生相对快速和巨大的影响。

人们已经证实了治疗成瘾的药物疗法，舒倍生是最有效的药品（使用该药品实施急救可用于扭转过量服药带来的影响），它是由丁丙诺啡和纳洛酮制成的复方制剂。舒倍生模拟了阿片类药物（如海洛因）的作用机制，实际上，阿片类药物就是通过占用阿片受体而产生影响的。如果有人在服用舒倍生的同时注射了海洛因，那么他不会有太大感觉。此外，舒倍生是对阿片类药物的模拟，因此服用它几乎不会产生太强的渴望。美沙酮与舒倍生的功效相似，但舒倍生含有更多的天然成分。因此使用舒倍生的人无需每天都到诊所进行监控。舒倍生是一种舌下含服的药片，有处方权的医生可以给病人开具含舒倍生的药方。

近几年来，还有其他一些治疗成瘾的药品通过审批，列入现行药方的档案目录。可乐宁（Clonidine）被用于治疗海洛因和鸦片成瘾，纳曲酮（naltrexone）、阿坎酸（acamprosate）、加巴喷丁（gabapentin）和托吡酯（topiramate）被用于治疗酗酒成瘾（本书将会对上述药品进行进一步探究）。

我们有必要再次强调，要根据每位患者的实际情况来决定治疗成瘾者的处方和剂量。这也解释了为什么使用生物医学疗法治疗成瘾需要在训练有素的专业医师指导下进行。

心理疗法

大多数有化学依赖和精神障碍的人都会感到无助和不知所措。在面对衰竭性疾病时，他们渴求着希望和掌控感。有效治疗的一个重要方面是患者通过与医师合作，看到自己在生理、情绪和心理各方面的健康状况增强，并在这一过程中获得掌控感。

由于成瘾疾病会影响思维过程，有效治疗的另一个重要方面就是个性化的认知行为疗法。这是一种心理治疗方法，强调对自我感受和行为进行反思的重要作用。

认知行为治疗包括理性情绪行为疗法、理性行为疗法、理性生活疗法、认知疗法和辨证行为治疗等方式。上述这些认知行为疗法都是基于这样一种理念，即我们的感受和行为是由自己的思维决定的，而不是由他人、环境或事件等外在因素决定的。即使环境没有发生改变，我们对环境的反应却是可以改变的。我们可以选择自己的反应，做出对我们的健康和幸福最有益的明智决定。

成瘾治疗中，还有另外一种有价值的、可以与认知行为疗法相结合的疗法，即动机增强疗法。动机增强疗法（motivation enhancement therapy，MET）已在物质滥用领域得到深入研究，它被证实通过增强个体动机而使个体行为获得十分有效的积极转变。同时，对于许多患者而言，家庭疗法也很有帮助，甚至是很有必要的。基于患者的家庭动力，患者在康复过程中是否有家庭参与可能会导致治疗成功或失败的巨大差别。

有效的治疗必须帮助患者提出、辨别并且描述成瘾对他们而言意味着什么。使用药物是为了自我治疗、填补内心的空虚，还是制造与创伤相关的麻木感，抑或兼而有之？除非个体深刻意识到和潜意识中理解了自己到底在做什么，否则成瘾复发在所难免。一个负责任的、全面的治疗方案需要考虑到病人健康与福祉等方面的因素。

当这一切合理运作时，心理疗法可以赋予患者自我约束的力量，他们不必总是被别人劝说（或被责骂或羞辱），也因此避免了这类可能会引起复发的行为。我们接下来将举例说明。

激励疗法

莫林（Maureen）是一位中年女士，她因为抑郁症被其初级保健医师推荐来我这里治疗（约有 50% 的成瘾者患有精神障碍，其中又以患有抑郁症最常见）。在与她的面谈中，其症结很快就被澄清：她患有双重精神障碍，既临床表现出抑郁症，又有酗酒的问题。她每天要喝 2~3 瓶酒，这不仅加重了她的抑郁感，同时也损害了她的健康。我始终提醒自己，她来找我仅仅是为了解决抑郁症的问题。正如许多成瘾患者一样，她由于大脑功能受损，意识不到自己有严重的成瘾症状。

当我以酒会对她的健康造成严重危害为理由建议她减少酒精摄入时，她实事求是地说："噢，不，我做不到。我爱我的酒。"她的语气就像在谈论自己的宠物狗。在那个时刻，她无法意识到饮酒过量与危害健康之间的关联。尽管明知喝酒会抵消大部分药效，我还是给她开了跟喝酒不会发生冲突的抗抑郁药。

两周后，当我再次见她时，她一见面就说自己思考了我说的关于饮酒过量最终将摧毁健康的话，她说自己在考虑减少酒精的摄入量。对这位成熟的酒精成瘾患者，我首先肯定了她朝自我控制迈出的第一步，接下来希望她考虑每天少喝两杯。我问她是否可以做到，她确定地说可以。她还同意通过使用和妥泰（托吡酯）来帮助自己抑制对酒精的渴望。

我又一次见她时，她的抑郁症已经开始好转（因为药物治疗终于有机会发挥功效），她已经由每天喝8~12杯酒成功减少到只喝6杯酒。我告诉她，她做得很棒，她已经可以开始准备下一步，让自己每天只喝一瓶。"你觉得我可以做到吗？"她有点犹豫地反问。"当然可以，作为你的医生，我看出你已经准备好了。"我非常肯定地说。

在找我治疗的6个月后，她完全戒酒了。5年过去了，她的酒瘾没有反复。

在我们看来，缺乏意志力仅仅是 21 世纪酒精和药物成瘾这一疾病的表象而不是根源。成功的心理治疗不会通过羞辱患者来达到戒断的目的，而是会在成瘾者心中埋下是否戒瘾的矛盾种子，让他们意识到自己的做法会对健康造成严重的危害。医师和患者将一起努力，促使患者想要戒瘾的内在动机发生变化，而不是按部就班地进行治疗。

社会文化疗法

基于当前的大脑研究和心理学的发展，成瘾性疾病的患病风险受到生活经验和遗传的共同影响，并与二者直接相关。

人类是唯一的大脑主体部分出生后才发育完全的物种，我们在成长关键期的经历很大程度上决定了神经系统的发展。为了简单起见，我们可以这么说：作为一个独立的个体，你的生活经历对大脑功能产生的影响与遗传和基因产生的影响一样大。

但是，全球范围内大量研究反复证实的最令人不安的发现是，情绪上的痛苦和压力（特别是精神错乱、社会排斥、情感疏离）会导致实质性的神经损伤，增加酒精依赖与成瘾的风险，并有可能无法逆转。

长期以来，我们了解到压力会增加成瘾的易感性，在过去10 年的研究中增加了对这一关联内在运行机制的理解。研究者对成瘾者行为和神经生物学之间的关联进行研究，证实了长期压力和成瘾都与成瘾者的分子和细胞改变相关。

因此，有效的成瘾治疗必须鉴别出患者生活中的长期压力因素，并发展出能够解决这些问题的策略。

成瘾者加强营养和锻炼可以在减轻戒断症状、提升整体治疗效果的过程中发挥着重要作用。许多成瘾者不健康的饮食习惯加剧了其焦虑症状。他们经常通过食用高糖和高碳水化合物的垃圾食品来满足自己的欲望，这些食物能增加其血清素水平。成瘾者获得充足的营养为其身体健康奠定了基础，在此前提下，药物治疗或咨询治疗才能充分发挥作用。

成瘾者加强锻炼还对保持大脑正常的神经递质水平起到直接的作用。因为锻炼可以刺激多巴胺通路，产生类似成瘾性物质所产生的效果，还可以帮助许多成瘾者减轻饱受折磨的抑郁症状。最后，参加团体运动的患者可以增加其社交技能，在物质滥用的情境之外建立社交网络。

新一代的成瘾药物

正如我在前面的内容中提到的，成瘾是一种长期疾病，其特征包括：无法持续戒除成瘾；有行为控制障碍；渴求物质的欲望；对个人行为和人际关系重大问题的识别能力削弱；有不正常的情绪反应。与其他长期疾病一样，成瘾还包括了周期性的缓解和复发。如果不接受治疗或参加康复活动，成瘾会发展得更加严重，甚至有可能导致成瘾者残疾或早逝。

出于两个原因，研制对病人而言方便服用、对医师而言方便监管的新一代成瘾药物非常重要。首先，成瘾患者的康复之路十分艰难，患者需要医学为其提供最大的帮助。成瘾的治疗还有一个潜在的优势，随着药物治疗的可获得性越来越高，人们可以鼓励医生像对待治疗失控的血糖或高胆固醇一样对待患者的成瘾问题。

其次，长效药物的出现不仅能缓解成瘾者戒断的痛苦，还能切实减轻其对成瘾物质的欲望，甚至对那些真正立志戒断的人来说也是这样。成瘾者不再需要每天集中意志力去服药。附加的好处是，使用长效药可以让成瘾者抵制大街上兜售毒品的人的诱惑，减轻其戒断第一个月的挑战。

这些药品更新的甚至更长效的版本很快会流入市场。例如，泰坦制药（Titan Pharmaceuticals）在申请美国食品药品监督管理局（FDA）对丁丙诺啡植入药物的审批，市场上出售的舒倍生是丁丙诺非的片剂形式，这种植入药物能在 6 个月内持续释放丁丙诺啡，帮助那些尝试戒断海洛因或处方止痛药的人。加利福尼亚大学分校的研究发现，在上臂植入这一药品的患者中有接近 66% 的人坚持治疗；与之相比，植入安慰剂的患者坚持治疗的人仅占 31%。坚持治疗的患者其尿检过关率更高，其戒断症状和对毒品的欲望更低。

国家药物滥用研究所也付出了相当大的努力去研发对抗可卡因、海洛因和冰毒成瘾的疫苗。其目标是触发成瘾者对药物滥用的免疫机制，使毒品无法到达大脑而引起快感，也无法导致成瘾随着时间推移侵蚀其健康。

治疗"独一无二的"成瘾者或酒精依赖者

所有成瘾者或酒精依赖者都认为自己是"独一无二的"。就医学意义而言，他们是正确的。没有两个一模一样的患者，每个成瘾者都必须接受全面的医学评估，以确保其得到恰当的医疗护理，这一恰当的医疗护理应该是一个所有的治疗方案和 / 或可用的治疗方法的压缩和整合。

有个有趣的现象是，有药物滥用史的人在服用极易上瘾的处方药时并不会上瘾。我通常不会给成瘾者开一些会导致情绪变化的药，因为这些药可能会导致复发。然而，对部分特定的病人（如严重的双相情感障碍患者）来说，为其开一些苯二氮卓类（benzodiazepines）药物是明智的并且有必要的。我也曾使用其他精神科药物来治疗具有无法控制的焦虑情绪的患者。

我们通常会尽量避免给病人开兴奋剂，除非他们有未被确诊的注意力缺失障碍（ADD）。对于患这类障碍的大多数人而言，医生一旦给他们开出了最有效的兴奋剂，他们的生活就会发生改变，其药物滥用也会结束。对于一些确诊的注意力缺失障碍患者来说，如果其对非医学性兴奋剂存在依赖的话，他们即使使用处方兴奋剂也会引起成瘾复发。

医生需要保持开放的思维，提供个性化的治疗。认为所有成瘾者都是一样的老观念是完全错误的。没有两个完全相似的患者，也没有一种对所有患者都适用的治疗方法。

坦率地说，医生忽视病人的个性是一种严重违反伦理和不负责任的行为。

醉酒行为的变化

愤怒

不同的人在醉酒后会有不同的表现，总是有人问我，为什么有些人在酒精的影响下会变得粗鲁、口出恶言甚至狂暴。

人在情绪上出现狂怒（尤其是受醉酒影响的愤怒），其原因是复杂的。有关愤怒的综合研究表明，具有强迫性且重复爆发的愤怒具有医学基础，即使没有伴随酒精摄入，患者的大脑图像也会显示出成瘾的生理问题和其他疾病症状。

俄亥俄州立大学的研究者发现，敌意水平较高的人通常也会表现出更高水平的同型半胱氨酸（homocysteine）——这是一种与冠心病紧密相关的血液化学成分。从医学的角度来说，极端的、反复的愤怒可能导致心脏病和中风。研究者对敌意和愤怒进行持续的关注，完成了大量研究，同时需要探索三个部分：疾病的表现，疾病的原因，或者在强迫性愤怒的情况下涉及成瘾本质的症状。

吉尔·博尔特·泰勒（Jill Bolte Taylor）是接受过专业训练并发表过著作的神经解剖学家，她对人类大脑的专业研究广受好评，她的研究主要关注大脑与精神分裂症和严重精神疾病的关系。据泰勒说，包括愤怒在内的所有情绪都有其相关的化学成分。某种情绪一旦被触发，大脑就会释放出神经递质二甲基色胺（dimethyltryptamin，DMT），个体就会感受到相应的情绪。泰勒认为，与愤怒相关的化学成分会在 90 秒之内从血液中消失。她确信，如果愤怒持续的时间超过了 90 秒，就是由于个体的自我循环或自动触发了与愤怒相关的化学物质，这和酗酒者不断摄取酒精的道理是一样的。

作为成瘾医学领域的专业人员，我诊断的许多患者的病因都非常复杂。他们常常不止患一种疾病，可能还有心脏和肝脏问题、脑功能障碍、成瘾或者溃疡以及精神和心理问题。他们不可自控的酒精或毒品依赖可能还会产生或加剧其他疾病。

出于复杂性和个性化的原因，人们很难简单地回答为什么会存在"醉酒愤怒"的问题。最近，有一些与这一现象相关的有趣发现。

在加拿大安大略省滑铁卢大学的一项实验中，志愿者在电脑提示后按下一个特定的按钮，他们同时还被告知，当出现红色亮光时不能按下按钮。一些参与者在饮酒后会变得肆无忌惮，他们不管红色亮光的出现公然展现出攻击性，并按压按钮。这一现象与反复告诉醉酒者不要做某事，但他们仍然会做是相似的。

此外，美国有许多研究发现，当告诉一定比例的人他们摄取了酒精后，他们就好像真的喝醉了一样，甚至变得充满攻击性和敌意，很容易性唤起。而事实上，他们并没有喝酒。

我连续介绍这两个研究是为了提出一个显而易见的问题：攻击和挑衅的行为是酒精作用的结果（或人们认为酒精会产生

的影响），还是揭示了另一种更微妙的医疗状况？基于不同情境，这个问题没有绝对正确的答案，但我们可以确定的是，在那些喝酒与攻击或敌对行为没有任何关系的文化氛围里，喝酒的人也不会有敌意和攻击行为。

坏酒鬼

虽然酒精成瘾的症状也同时存在，但喝酒产生的敌意是一种与酗酒不同的身体疾病。当一个人由于喝酒开始变得无礼、好斗、怀有敌意和 / 或施虐时，即使他 / 她不常喝酒，也会表现出除了酒精中毒以外的一种或多种疾病症状。如是成瘾者存在这些症状，就需要专业医师的综合护理，我们把有这种表现的人称为"坏酒鬼"。

人们对愤怒酗酒者的成功治疗方案的含义非常清晰：必须解决成瘾的身体疾病之外的因素。患者需要不止一项诊断，对其进行个性化的治疗也至关重要。跟酗酒一样，成瘾者取决于颇具意志力的庄重誓言，使用支持团体、咨询和美好的意愿在很大程度上来说都是无用的。然而，尽管失败或一再失败，成瘾者都在继续做那些无用的事。

患者的症状是对疾病的反映，但并不能作为确诊的依据，它仅仅是一些反映未知情况的线索。成瘾的症状或特点之一是自我刺激。如果酗酒者喝了一杯酒，便能激发起其在生物化学和情绪上的连锁反应，这又进一步引发酗酒者无法自抑地一直喝下去，不去考虑任何不好的后果。酒精成瘾是一个生物成分约占 50% 的医学问题，忽视身体上的病症是一种不负责任的做法。因此简单地不喝酒并不是一种治疗手段，尽管这绝对是成瘾者行为上的一种有益转变。

如果有人断言愤怒本身就是一种瘾或属于肾上腺素成瘾，那么深受这种瘾折磨的人当然应该去寻求成瘾医学领域专家的帮助。让我感到震惊和沮丧的是，我见过所谓的愤怒成瘾的治疗方法是鼓励患者发怒、表达愤怒、把所有愤怒"释放出来"。

在治疗酒瘾患者时，让他们过量饮酒并无益处。我觉得你不会给酒精成瘾者买一箱啤酒、一大瓶苏格兰威士忌和一些葡萄酒冷却器，然后让他努力饮酒。在成瘾的治疗过程中，有责任心的人不会告诉药物成瘾或酒精依赖患者需要尽可能多的喝酒或吃药才能获得健康和清醒。

在我看来，告诉一个有消极和破坏性行为成瘾的人继续并不断加强这种行为是荒谬的且不负责任的。归根结底，对于任何一种成瘾来说，行为的延续会触发自我刺激和自我循环系统。你每次沉迷于上瘾都会带来更多的痛苦，即你做的越多、想要的就越多。

冲动

当冲动取代了控制，成瘾症就已经开始发作了。高压或内疚、羞愧和懊悔的情绪产生的结果只是让成瘾者短暂地节制。然而，这些情绪同样也会对成瘾者产生压力，以至于引发复吸。一旦冲动被激发，成瘾者在所有控制范围内所做的努力就都瓦解了。

　　当你患有成瘾症时，你就会寻找各种机会去助长它。如果成瘾只是针对使用酒精或者其他药物而言，你寻求并获得药物只是一种强迫性的观念，而使用这些药物才是冲动行为。

　　在内部刺激或生生不息的大脑化学物质的刺激下，冲动性愤怒成瘾者需要的仅仅是一种激发愤怒的侮辱，无论其是真实的还是想象的。但是，医学诊断表明除了愤怒引起的医学问题外，只有一些关键的生物因素与愤怒的产生相关。

强迫

　　强迫是指同一个时间里只能想一件事，并且总是不停地想同一件事。强迫是一种无法抗拒的、把其他一切搁置到一边的思考。

　　强迫接下来就是无休止的循环。例如：跟踪狂不停地寻找猎物，狂热者被自己的热情所强迫，主动成瘾者强迫自己靠沉溺于上瘾活着。

　　成瘾对精英人士和博学者的一种心理吸引力是其不被控制的美好愿望。他们在生活中肩负重任，这些人希望可以暂时不负责任，并将自己放在一个从属的位置上。当然，和那些花钱嫖娼的人一样，他们只是假装自己不被控制。事实上，正是他们自己要对整个事件负责。不幸的是，当真正的成瘾出现时，"扮演瘾君子"的游戏就不再是一种转移注意力的放松，而成为一种真正不幸的健康危机。

成瘾对大脑奖励系统、动机、记忆和相关脑回路会产生一种直接的、长期的伤害。这些脑回路功能不良会引起特定的生理表现、心理表现、社会表现以及精神性行为。这些表现都可以从一个人对奖赏的病态追逐以及药物使用和其他行为带来的缓解中反映出来。

成瘾者从偶然的药物使用到成瘾的过渡，可以从其大脑化学物质的变化中看出来，这种化学物质叫做神经递质，它负责传递来自大脑奖赏系统的信息。

阿片类药物成瘾的特殊因素

舒倍生是一种只能由执业医师配用、每日使用一次的处方药，它是一种局部麻醉药，不具有与全麻药物相关的危险性，并向大脑传递与平时类似的信号。舒倍生是丁丙诺啡和纳洛酮的复方制剂，丁丙诺啡是一种类似于吗啡、可卡因、海洛因的阿片类药物。

然而，舒倍生不会带来与那些药物相似的快感，因此其使用者更容易停止使用，这是其与美沙酮相比具有的优势。一些成瘾度很高的病人常常更适合使用美沙酮，人们使用美沙酮有效、安全地治疗阿片类药物成瘾已有 30 多年的时间。

海洛因治疗与降低危害

如今，市面上销售的海洛因效果特别强劲，以至于很多病人即使使用舒倍生或丁丙诺啡治疗也难以戒断。一些采用真正减轻危害治疗模式的国家（如新西兰）已经批准成瘾者在医学监督与医师配药的情况下，使用海洛因进行维持治疗。这样一来，人们通过降低成瘾者的犯罪率与患病率，可以同时减少其医疗危害与社会危害。

由于美国还没有这种减轻危害治疗模式，舒倍生正快速成为大多数海洛因成瘾者维持治疗的首选治疗药物。

舒倍生的另一个优势是不存在耐药性，但其发挥的药效存在天花板效应。换句话说，多摄入这种药物不会有更多的良好感觉。

对于严重阿片类药物依赖患者来说，控制舒倍生的使用可以让他们掌握生活技能，并获取个人平衡，以安全渡过成瘾戒断的难关而不至于崩溃。当这些病人已将用于自身的治疗手段内化并整合时，他们就可以确认在恰当的时间里逐渐减少使用舒倍生，直至其完全停止使用。

记住：我们正在对抗一种身体疾病，许多情况下都可以采用与治疗心脏病、糖尿病和高血压一样的方式。病人依据症状是否用药、用哪种药物最有效以及用药多长时间，最好是由主治医生和病人商议后决定。

评价治疗是否成功

1964 年，世界卫生组织指出，"个体在使用几乎所有可用于人体的药物后都会产生满意或愉悦的反应，驱使他们持续使用药物甚至达到滥用的程度，也就是超过医疗所需的剂量过度使用而不能自拔"。

半个多世纪以后，这份声明比以往更加真实有力。新的毒品以惊人的速度登上了成瘾性物质清单，其中已经包含了酒精、海洛因、大麻、甲安非他明和止痛药等经久不衰的成瘾性物质。当我写到这部分时，市面上最近流行的是一种叫夫拉卡（Flakka）的药物，这是一种可以引起强烈幻觉的合成毒品，它取代了之前给成瘾者带来强烈幻觉的流行药——浴盐。

根据《福布斯》杂志报道，夫拉卡的吸食者通过吸食、鼻饲或注射等方式使用。它"使体温飙升，导致吸食者脱衣裸奔，引起令吸食者相信自己正在被追逐的精神错乱。它可以使体温飙升至41摄氏度，并且与使用安非他明类似，吸食者会出现一种兴奋性精神错乱的状态"。人们甚至称其为"5美元疯狂"。

为什么会有人吸食这种毒品？当然，这个问题没有答案。

在毒品领域，如果你制成了一种药，吸食者就会尝试。这正是我要表达的意思。我们永远不会停止使用成瘾性物质。人类作为一个物种，我们在公元前600年第一次酿出酒时就已经输了。

现实社会必须将注意力从尝试禁止人们吸食毒品或酗酒（想想禁酒令出台时被迫戒酒的好处）转移到提供有效的、有证可循的治疗方案上来。

但是，我们怎么才能知道什么时候已经进行了有效的治疗？

　　衡量治疗结果是否成功的手段真的非常简单：通过治疗，患者的生活质量是否得到了提高？如果病人能够过上满意的、精彩的、相对正常的生活，那么成瘾治疗就是成功的。它说起来就是这样简单，因为这是一种检测任何无法治愈的医疗状况的手段。

专栏

当代成瘾治疗药品

　　像其他慢性病一样，成瘾可以被控制和缓解，成瘾患者经过一系列的药物治疗、心理咨询治疗以及生活方式发生改变，也可以体验愉快的生活。

　　有些药物会作用于成瘾者的脑神经回路，降低其对致瘾物质的依赖。在某些情况下，这些药物也可以缓解成瘾戒断带来的躯体症状。

　　在成瘾药物方面训练有素的医师会为每位病人提供最适合的药物组合，使其疗效最大化。

酒精成瘾

- 阿坎酸 [Acamprosate, 如坎普拉尔（Campral）]：降低成瘾者对酒精的依赖，使其由于酒精摄入过量引起的脑功能紊乱恢复正常。

- 巴氯芬 [Baclofen，如凯姆斯特（Kemstro）、力奥来素（Lioresal）、加布洛芬（Gablofen）]：降低成瘾者对酒精的依赖，缓解成瘾戒断带来的躯体症状。

- 戒酒硫 [Disulfiram，如安塔布司（Antabuse）]：常见的治疗

专栏

酒精滥用的厌恶性药物。

- 纳曲酮 [Naltrexone，如瑞维安（Revia）]：降低成瘾者酒精及其相似物的依赖性。纳曲酮片剂每日可服用一片，注射剂每月可注射一次，均需通过 FDA 认证。

- 昂丹司琼 [Ondansetron，如枢复宁（Zofran）]：有效降低酒精依赖的止吐药物，在成瘾早期尤有成效。

- 托吡酯 [Topiramate，如 Topamax]：通过减少多巴胺释放来减弱酒精奖赏效应的抗惊厥药物。

大麻

- 加巴喷丁 [Gabapentin，如芬拉瑞斯（Fanatrex）、加巴龙尼（Gabarone）、格拉来斯（Gralise）、善痛眠（Neurontin）]：治疗癫痫发作的药物，也可以有效缓解大麻成瘾者戒断带来的躯体症状。

- N–乙酰半胱氨酸（N-acetylcysteine）：研究显示，其可以有效降低成瘾者对大麻的依赖。

- 口服四氢大麻酚（Oral Tetrahydrocannabinol，THC）：作用于精神的大麻提取物，研究显示，其可以有效降低成瘾者对大麻的依赖，缓解成瘾戒断带来的躯体症状，不会产生麻醉等副作用。

兴奋剂

- 安非他酮 [Bupropion，如载班（Zyban）、威博隽 (Well-butrin）]：降低成瘾者对甲安非他明的依赖性。

┌─ 专栏 ──────────────────────────────┐

- 莫达非尼 [Modafinil，如不夜神（provigil）、阿乐泰克（Aler-
  tec）、莫达非尼（Modavigil）]：治疗睡眠障碍的药物，研
  究显示，其可以有效降低成瘾者对可卡因的依赖，并缓解成
  瘾戒断带来的躯体症状。

阿片类物质（类鸦片）

- 丁丙诺啡 [Buprenorphine，如叔丁啡（Subutex）]：降低成
  瘾者对药物的依赖性，缓解成瘾戒断带来的躯体症状，成瘾
  者必须在经过训练的、有执照的医师监管下使用。

- 美沙酮（Methadone）：抑制海洛因和吗啡的影响，成瘾者
  必须在有执照的诊所里使用。

- 纳曲酮 [Naltrexone，如瑞维安（Revia）]：疗效同上。

- 丁丙诺啡 + 纳洛酮 [Buprenorphine+naloxone, 如舒倍生（Sub-
  oxone）]：用于维持治疗。

└──────────────────────────────────┘

第6章 无痛戒断

　　成瘾者酒精成瘾或药物成瘾的戒断过程通过大众文化被公众所知。在影视业发展初期，电影制片人就将酗酒和药物成瘾作为题材进行拍摄。早在无声电影时代就有影片涉及成瘾题材，1902年的法国电影《酗酒受害者》（*The Victims of Alcoholism*）是第一部讲述药物成瘾的危害及其戒断的影片。1917年，查理·卓别林（Charlie Chaplin）顺应潮流导演并拍摄了电影《疗养》（*The Cure*），他在影片中扮演了一个醉鬼（跳出了自己标志性的流浪汉角色）。这个醉鬼想要戒掉酒瘾，但他却带着一箱酒来到一个温泉疗养院，从而惹出了一系列的麻烦。

　　卓别林有着和电影主题相似的个人经历，他的酒鬼父亲38岁时死于肝硬化。虽然用幽默的方式反映赤贫、弃婴、种族主义、卖淫等严肃的社会问题是卓别林电影的标志，但事实上，直到今天，酒精或药物的戒断过程仍令人非常痛苦，会引起成瘾者强烈的身体疼痛和焦虑、绝望的情绪，甚至导致精神疾病。

如今，新药制剂的出现使戒断过程几乎毫无痛苦。然而，由于酒精和鸦片类药物（海洛因、可卡因、止痛药）影响大脑的不同受体，人们必须使用不同的技术进行戒断。

已有的研究和我个人拥有的大量临床经验表明，将苯二氮卓类药物和加巴喷丁、托吡酯、可乐定一同用于酗酒成瘾者，对其快速戒断有较高的成功率。人们对鸦片类药物进行戒断，优先使用的药物是可乐定，同时辅以肌肉放松剂、止吐药以及其他药物；但是，不要在家中尝试这些药物！在没有正确的医疗监督下戒断重度成瘾，可能会导致成瘾者大脑损伤或死亡。

重度成瘾与戒断

美国成瘾医学协会列举了三项戒断酒精和其他药物的直接目标：（1）对药物依赖提供安全的戒断方案，使患者能够脱离药物依赖；（2）保证戒断方案具有人道意义，保护患者的尊严；（3）为患者戒除酒精或其他药物依赖做持续的治疗准备。

对酒精、鸦片类（海洛因和止痛药）、兴奋剂（可卡因、甲安非他明）、苯二氮卓类（阿普唑仑、安定）或巴比妥类药物等重度成瘾的患者，其戒断过程可能会有生命危险，每位患者必须接受个性化医疗。鸦片类药物的戒断会引起成瘾者强烈的身体不适，但在戒断过程中常见的癫痫发作一般不会致死。

兴奋剂重度成瘾会突然引发类似心脏病的症状，还可导致中风、癫痫发作、心律失常或危及生命的高热。滥用甲基苯丙胺很有可能对大脑造成严重的损伤，如短暂性脑缺血、神经递质调节异常、大脑细胞死亡等。持续过度使用甲基苯丙胺所导致的长期精神问题常被误诊为精神分裂症。当患者停止使用兴奋剂时，即使会出现一段疲劳、嗜睡、抑郁的崩溃期，也不会出现危及生命的戒断后果。

治疗各不相同的成瘾或酗酒

和成瘾治疗涉及的所有方面一样，戒断过程也必须是个性化的。没有完全相同的两个人，从包含所有可用的治疗方案的项目包，到选择适合患者的医疗护理之前，每名成瘾者都必须接受全面的医疗评估。

我在前面的章节中提到，一般我会避免给患者使用兴奋剂，除非事实证明他们有未被确诊的注意力缺陷障碍。在大多数情况下，一旦给他们开具最有效的兴奋剂处方，他们的生活就会被改变，药物滥用也会结束。对于一些存在非医疗性兴奋剂依赖的多动症确诊患者来说，即使他们使用处方兴奋剂也会引起复发。

治疗成瘾的关键点是：医生要保持开放的心理，为成瘾者提供个性化的治疗。那些认为所有瘾君子都一样的旧观点是完全错误的。没有两个完全一样的人，也没有一种适用于所有患者的治疗方案。医生治疗时，如果忽略患者的个性特征，就严重违反了职业道德和职业责任。

戒断与治疗

在公众意识中，戒断与治疗是同义词，但实际上，它们并不是一回事。并非每个寻求治疗的瘾君子都需要经历戒断过程，只有那些对一种药物的依赖已经处于危险期的患者（如突然停止药物或快速戒断可能会严重危及健康甚至生命）才必须经历戒断。

完全依靠非医疗协议，并且应用一个放之四海而皆准的禁欲模型进行治疗，这是成瘾康复诊所存在的固有问题。

戒断通过新陈代谢（尤其是肝脏的代谢及肾脏的排泄）将酒精或其他药物从身体中排除出去。对于处在戒断阵痛中的患者而言，其在医疗辅助下可以降低身体不适和潜在身体受到伤害的风险。对于那些有严重药物依赖的患者来说，戒断是下一步治疗前的必要环节，其中包括对成瘾疾病患者的短期护理和长期管理。

除了对所有瘾君子都可以使用同样的成瘾治疗这一谬论外，另一个需要澄清的不明观点是：戒断并非治疗的结束，而是治疗的开始。这使我再次想起演员菲利普·塞默·霍夫曼之死。据报道，他在毒瘾复发后去戒毒中心做过检查，并在 10 天的治疗期结束后出院。几天内，他重新注射海洛因，几个月后就因吸毒过量而死。

在我看来，为期 10 天的戒断治疗更多像是一种宣传的噱头，而非真正的医学治疗，这已经成为富人和名人的一种文化仪式。当一个明星惹上麻烦、演艺生涯陷入困境时，其经纪人的本能反应就是劝他："该排排毒了。"这就好像你为一名枪伤者包扎好了伤口，即刻就对他下了逐客令。

三步戒断法

2014年，哥伦比亚大学国家成瘾和物质滥用中心发布了一篇报告。这篇具有里程碑意义的成瘾报告概述了有效戒断的三个主要步骤。我在自己的临床实践中采用了这三步。

评估

为患者做检查，并判断各种症状的严重程度，在理想情况下使用标准化仪器为其测量戒断的严重程度。评估证明，成瘾者存在药物依赖的重要身体特征，评估并发症和心理健康障碍出现的症状。最后，通过医疗分析（如尿检）判断患者身体中是否有药物存在或者近期是否用药。

稳定

医生和其他训练有素的人员会协助患者通过戒断而达到生理稳定的状态。根据个人情况，成瘾者可能需要使用合成药物。

使治疗介入便利化

指导重度成瘾患者去真正意义上的成瘾治疗中心，针对患者的病症使用循证医学，并提供持续的短期治疗和长期的医疗护理。

酒瘾戒断

戒酒可能是所有药物成瘾戒断中最危险的。针对成功的、安全的酗酒戒断，我建议使用特定药物来预防可能同时出现的副作用。戒酒通常需要7~10天，但同时使用药物治疗的话，成瘾者可以很快达到稳定状态。

在开始戒酒的 6~48 小时中，酒瘾患者可能会出现焦虑、恶心、烦躁、难以集中精神等症状；更严重的话，还可能会出现幻觉、癫痫发作等症状。戒酒性谵妄也被称为震颤性谵妄（delirium tremens, DTs），它是一种最严重、最危险的戒酒症状，通常出现在酒瘾患者停止喝酒后的 2~4 天内。一些戒酒症状会危及酒瘾患者的生命（如谵妄和癫痫发作），因此，重度酒瘾患者只有在训练有素的医务人员监管下才能进行戒断，并且必要时随时准备入院接受护理，这是医疗准则。

人们有很多可以用于判断酒精依赖严重程度的评估工具，其中包括《临床研究院酒精戒断评估表－修订版》（Clinical Institute Withdrawal Assessment–Alcohol Revised, CIWA-Ar）、《临床戒断症状量表》（Clinical Opiate Withdrawal Scale, COWS）、《芬尼根新生儿戒断症状量表》（Finnegan Neonatal Abstinence Score）。

成瘾者酒精依赖的严重程度不同，其戒断过程的持续时间也不同。有些戒断症状可能会持续数周（如睡眠障碍）。对于先前经历过戒酒的患者而言，这种症状的严重程度会增加，这一过程被称作"点燃效应"（the kindling effect）。

有个好消息是：就像我在前面提到的，苯二氮卓类是一类精神镇静剂，它具有镇静作用，能够预防某些酒精戒断症状的发作，并缓解这些急性症状，如酒精引起的癫痫发作和震颤性谵妄。这类药物包括以下药物（后一个是商品名）：

- 地西泮 [Diazepam, 安定（Valium）];

- 氯硝西泮 [Clonazepam, 克诺平（Klonopin）];

- 劳拉西泮 [Lorazepam, 安定文（Ativan）];

- 甲氨二氮草 [Chlordiazepoxide, 利眠宁（Librium）]。

由于苯二氮卓类与酒精共同作用可危及生命，医生必须建议病人在用药期间不能喝酒。并且，苯二氮卓类本身有成瘾性，因此，病人只有在短期的戒断过程中，并在医疗专业人员的严密监督下，才可以使用该药物。

虽然只有 5% 的戒酒病人会出现震颤性谵妄，但其一旦出现这种症状，死亡率则会超过 18%，人们必须为正在经历震颤性谵妄的病人提供专业的医疗护理。

鸦片类药物戒断

对非法获取或使用处方类鸦片类药物（包括海洛因、吗啡、氢可酮、羟考酮）的成瘾者来说，其戒断症状通常不会危及生命，但可能会引起强烈的身体不适。这些症状有腹痛、肌肉酸痛、烦躁、腹泻、瞳孔放大、失眠、恶心、流鼻涕、出汗和呕吐等。

戒断症状通常会持续几天到数周的时间。由于并发症的发展，病人必须进行常规的身体检查和心理评估。

医疗戒断的目标是对成瘾者进行安全、舒适、彻底的药物戒断。我们应该避免突然中断使用鸦片类药物，尤其是那些对药物有躯体依赖的病人。相反，这些病人应该慢慢脱离鸦片类药物。

然而，对于类似海洛因这样的非法药物来说，这一过程在法律上是不被允许的。

不过，训练有素的医疗专业人员会使用鸦片类药物替代疗法，这一方法使用 FDA 批准的药物作为替代药物，之后再让成瘾者慢慢戒除。我们使用像可乐定一类的非鸦片类药物可以减少戒断过程中的烦躁和不适。我们也可使用其他药物来缓解急性戒断的症状，如使用非甾体类消炎药（nonsteroidal anti-inflammatory drugs，NSAIDs）缓解肌肉疼痛、使用止吐药缓解恶心症状、使用曲唑酮一类的非成瘾性安眠药缓解失眠、使用丁丙诺啡让成瘾者停止对药物的渴求。

人们专门针对成瘾治疗研制的处方鸦片类药物发挥作用的方式是通过占据大脑中的鸦片受体，阻塞或减小成瘾性更强的鸦片类药物的效应。病人使用丁丙诺啡可避免偶然性使用药物过量，也可以避免借药物滥用来获得快感。

兴奋剂药物戒断

成瘾者在戒除海洛因或甲安非他明等兴奋剂药物时可能会引起戒断症状，但这些症状一般不会像戒酒那样严重，并且几乎没有生命危险。这类症状包括嗜睡、失眠、烦躁、焦虑、食欲大增、心情抑郁、对药物的渴求等。

就像治疗酒精和药物的戒断一样，我们优先选用的疗法是逐渐减少药物用量。但与治疗非法鸦片类药物的戒断一样，使用像海洛因一类的兴奋剂是非法的，人们不能在戒断过程中使用它。但是，人们可以使用镇静剂来缓解躁动和焦虑情绪，使用非成瘾性镇静安眠药来治疗失眠症状。

我们在前面的章节中已经提到，有证据显示一种叫安非他酮的药物可以有效遏制成瘾者对兴奋剂的渴求，并能够降低与甲安非他明成瘾相关的严重戒断症状。安非他酮主要被用于治疗抑郁症（包括季节性情绪失调），并且已被证实有助于戒烟。在兴奋剂成瘾戒断中，这种药物似乎是通过阻碍多巴胺和去甲肾上腺素两种神经递质接触受体的活动来发挥作用的。这种药物的另一个特点是可以抑制成瘾者因兴奋剂戒断引起的体重增长。

镇静剂戒断

苯二氮卓类药物通常被称为镇静剂，其在美国是最常用的处方药之一。安定和阿普唑仑的药名可谓家喻户晓，人们在美国数千万的药柜上都能看到这类药物。

阿普唑仑被用于治疗焦虑症，其在美国是最常用的处方药。2012 年，大约有 4800 万个处方中都含有这种药。作为处方药使用时，苯二氮卓类药物可以被合法地用于治疗一些疾病（包括治疗焦虑症、失眠症、控制癫痫、放松肌肉）。确实，在本章的前面，我们已经了解过苯二氮卓类药物是如何有效治疗酒精戒断症状的。

当人们为了消遣使用苯二氮卓类药物并寻求其镇静效果时，就很容易越过底线而发展为药物滥用。

令人震惊的是，苯二氮卓类药物滥用与其合法化使用同样流行。2012 年，据美国物质滥用与精神健康服务管理局数据统计，在 21~34 岁的美国人中，有大约 15% 的人在没有处方或为了消遣的情况下使用过镇静剂。

苯二氮卓类药物滥用甚至有其危险的一面。苯二氮卓类就是所谓的约会迷奸药，它可以损害使用者正常的大脑功能，以至于其即使想要反抗，也无法阻止性侵犯。

苯二氮卓类药物的戒断反应类似于戒酒，其最严重的副作用就是癫痫发作和谵妄，戒断症状通常会持续 1~2 周。由于苯二氮卓类是合法药物，成瘾者在戒断过程中可以使用该药物帮助病人慢慢戒除。此外，同类药物中的不同药物也可以用于戒断治疗。

戒断场所

戒断的场所取决于病人成瘾的严重程度以及其总体健康状况。一方面，人们一旦对戒断的性质进行了恰当的评估（尤其是对是否需要医疗援助进行评估）后，医生办公室、精神健康治疗机构、紧急护理中心、医院、急诊室甚至病人家里都可以作为合适的治疗场所。

另一方面，最糟糕的戒断情境是将一个瘾君子送到一个所谓的康复诊所，而诊所中却没有训练有素的医务人员；或者将其送到一个直接拒绝循证治疗的地方。这些地方常被称作"12 步康复计划"或是这个主题的变式。换句话说，这些人正在利用匿名戒酒互助会的哲学赚取利润，这意味着他们不需要负责任，也不为戒瘾者在危险的戒断过程中提供医疗保障。

那些曾有过严重戒断症状或需要戒断多种物质的病人风险最高。这些病人病症发作时与犯罪分子仅有咫尺之遥，将这些病人放在一个非医疗的戒断环境中显然是不道德的。

仿佛他们从未接受过治疗

如果我们总结一下本章的内容，那就是：成瘾者通过治疗，可以缓解戒断过程中出现的症状；然而，戒断过程本身并不是一个完整的治疗方案。成瘾者绝对不会相信只要将成瘾物质从身体中完全排除出去，治疗就圆满结束了。相反，它仅仅是治疗过程的起点。

经历过戒断过程（包括药物辅助下的戒断过程）却没有接受进一步治疗的病人，与那些从未接受治疗的人有相似的药物滥用模式，他们就好像从未进行戒断一样。

专栏

拥有医师执照的医护人员

我在本书中强调了一点，对于严重物质成瘾（尤其是对鸦片类药物和酒精成瘾）的患者，其戒断过程必须接受专业医疗人员的监督，且最好是由训练有素的医生监督。不幸的是，专业医疗人员是一个小型精英团体，其队伍需要大量扩充。

据美国医学协会统计，截至 2015 年，在 985 375 名行医的医生中，只有 582 名是成瘾医学专家，其中包括 227 名成瘾医学医生和 355 名成瘾精神病医生，人数占所有行医医生的 0.06%。人们对从事成瘾科学及其治疗两个医学专业的医生们进行了专业培训。

┌─ 专栏 ─────────────────────────────

尽管没有最新数据可以明确在成瘾医学及成瘾精神病学领域实际的执业医师人数，但美国成瘾医学委员会（the American Board of Addiction Medicine）已经认证了 2584 名成瘾医学专家。据其估计，全职成瘾医师执业专家的人数是美国医学会估计人数的 5 倍，即约 1200 人。这一估计人数远远不及当前为满足成瘾治疗所需的 6000 名全职成瘾医师专家的最低值。

应联邦法律的要求，所有鸦片类维持治疗设施均需获得美国卫生与福利部（U.S. Department of Health and Human Service）物质滥用与精神健康服务管理局（Substance Abuse and Mental Health Services Administration, SAMHSA）的认证，以证明其符合已有的鸦片类药物维持治疗项目的标准。在由 SAMHSA 批准的组织认可的程序中，这是认证过程的前提。

通过参加获得认证的 8 小时成瘾治疗项目，医生可以具有为成瘾者开具丁丙诺啡这种处方药的资格。医生和医疗实施团队承诺，其在开始为病人治疗的一年内及此后 100 年，不会在超过 30 例鸦片类药物成瘾的治疗中使用丁丙诺啡，并保证，医生会将病人转介到必要的社会心理服务机构做辅助治疗。

SAMHSA 将授予满足这一资格的医生一份免税证明，并由药品执法机构为其授予一个特殊的标识号。

人们寻求循证戒断过程的关键是找到在成瘾医学上得到美国成瘾医学委员会认证的医科医师或由精神病学家监督的项目。

└───────────────────────────────────

第 7 章　维持与复发

　　成瘾并不是一种可以直接用针剂治疗就能治愈的疾病。它不是感冒，而是一种慢性疾病。根据慢性疾病的定义，它是不能被治愈的。再想想患心脏病、哮喘和糖尿病的人，他们即使病情稳定后也必须进行终生治疗。

　　对患任何一种慢性疾病的人来说，其都有可能旧病复发。当疾病突然爆发时，病人必须重新开始治疗。复发也是慢性疾病的一部分（如高血压或药物成瘾）症状。然而事实上，药物成瘾的复发率符合典型的慢性疾病复发率，其复发率略高于糖尿病但低于高血压和哮喘。

　　我们不该因为成瘾者出现复发症状而对其谴责、惩罚或做出其他侮辱行为。这并不是成瘾者意志力不坚定，而是一种症状。现代对成瘾者的诊断表明，当成瘾者停止使用药物时，大多数人的大脑功能最终能恢复到相对正常的水平。但是，其使用药物带来的神经和心理方面的后遗症依然存在，并且有可能在最初治疗后数月、数年甚至数十年内复发。

成瘾者单一的行为可以立即重新激活其成瘾通路，导致曾经的成瘾者重新寻求药物。实际上，不管成瘾者戒瘾了多长时间，其大脑始终记得使用成瘾物（如酒精、可卡因、甲基苯丙胺、维柯丁、浴盐等）能为自己减轻压力。

如果想成功地保持清醒、远离成瘾物，关键应让成瘾医学专业者对成瘾者进行规律的季度健康检查，监控其大脑的化学成分（尤其是神经递质水平）；同时，成瘾医学专业者对成瘾者进行治疗和咨询也可以帮助其维持健康的生活方式，避免其因某些人和地方而毫无预兆地引起复发。

成瘾趋势不断发生变化

了解成瘾疾病的患病群体，这对集中分配有限资源（无论是个体层面还是社会层面）以及定制符合大多数患者情况的医疗方案来说都非常重要。患者的人口统计资料也可能影响治疗。例如，与男性相比，将相同剂量的药用于女性就会产生不一样的反应。老年患者对药剂的吸收情况也不同于大多数人（年龄会改变人身体组成成分的比例；与成人群体相比，老年人通常脂肪组织增多，肌肉减少，身体的总体水分减少，代谢水平较低）。

然而在美国，21 世纪流行的有关"谁是瘾君子"的概念，其内涵却与现实不符。

瘾君子这个词仍然使人联想起在布朗克斯的一个烧毁的物业中出现的海洛因成瘾者的形象。但实际上，今天的药物成瘾者很可能是住在郊区沉迷于处方药的老奶奶。

然而现在，已经出现了一批全新的上瘾人群，这批人在十几年前看起来与成瘾毫无关联。这就是所谓的意外成瘾者。他们的年龄都在50岁或50岁以上，他们最开始都是合法使用处方药来减轻一种或多种慢性病带来的疼痛。不幸的是，在这些人中，许多人不经意地发展为严重的药物依赖。现在他们发现，自己需要摄取越来越多的止痛药来维持正常的生活。换句话说，他们成瘾了。从药理学的角度来看，这并不奇怪。然而从化学解构上来说，像海洛因的非法阿片类物质和像氢可酮的合法阿片药品之间仅一线之隔。

根据统计，2012年，在45~64岁的成年人中，阿片类药物滥用率最高；而20年前，阿片类药物滥用率则在25~44岁的群体中最高。根据政府研究人员的估计，2020年将有超过570万的50岁以上的老年人需要物质滥用治疗。

海洛因与处方药

毫无疑问，人们对海洛因的使用出现了极为危险的复苏。2012~2013年，美国因海洛因过量使用导致死亡率上升了39%，死亡人数从5925人增加到8257人；2014年，加上与冰毒、可卡因、苯环己哌啶、浴盐、夫拉卡等其他非法药物使用相关的死亡人数，死亡人数已升至约16 000人。

然而，成瘾者更大的问题是处方药滥用。在过去 10 年中，因处方药过量使用而导致的死亡率明显增加；2010 年，由于处方药过量使用造成 38 000 多人死亡，已超过所有非法药物加起来造成的死亡人数。根据美国疾病控制预防中心的数据，2010 年，医疗诊所全年开出的处方止痛药足够"所有美国成年人每天连续服用一个月的剂量"。

我们换种说法来说明这个问题。2012 年，医疗保健专业人士开出了 2.59 万个止痛药处方。哪种人口群体受这种阿片类药物使用潮的影响最大？老年人！

医疗保险的 D 部分主要用于老年人的药物支出，其超过 1/3 的费用均用于支付使用阿片类药物。2011 年，按照规定，有 1150 万医疗保险受益人至少要到 65 岁才能受益，一种阿片类止痛药的处方总共要花费超过 27 亿美元。

根据美国疾病控制预防中心的统计数据，1999~2013 年，死于处方阿片类药物过量的 55~74 岁的患者比例增加了约 6 倍，然而，对于所有其他年龄组的人来说，这个数量增长缓慢或趋于稳定。

如果人们对处方药滥用还有一线希望，那么这种希望似乎是从 2010 年开始出现并逐渐增长的。大多数专家认为，这种希望的增长要归功于对医生开处方药的限制。然而不幸的是，在使用处方药的同时，其滥用情况在下降，但海洛因的使用却开始激增。你看到这种关联了吗？随着处方药越来越难找，并且在黑市价格昂贵，药物使用者开始转向价格便宜的海洛因。

雪上加霜的是，自 2000 年开始，人们使用的新式海洛因纯度很高，以至于使用海洛因不需要注射，曾经用"打针"（或静脉注射）来定义海洛因成瘾的这种羞辱性说法现在已经不合时宜。事实上，2014 年，著名的美国医学会杂志在精神病学分册上发表的一项研究表明，"2010 年，使用海洛因的人中有 80% 的人也使用处方药"，这些使用者转而使用海洛因，因为它"更容易获得，也比阿片类处方药便宜"。

不用说，海洛因的新使用者不是孩子，而是老年人。研究表明，在过去 20 年中，海洛因使用者已经从城市中的年轻男性变成位于郊区的老年男性和女性。

1990 年到 2010 年，45～64 岁年龄组中因为意外药物使用过量导致的死亡率增加了 10 倍以上；1990 年，婴儿潮出生者仍然在该年龄组之外，而 2010 年他们已经进入这个年龄层。这也是第一次出现因意外药物使用过量导致死亡的群体中，中老年人的人数超过二三十岁的年轻人。2013 年，更多的中老年人由于意外使用药物过量导致其死亡人数已经超过了因车祸、流感或肺炎造成的死亡人数。

依赖与上瘾

情绪压力（心理因素）可以引发疾病（包括成瘾性疾病），因为压力可能会激活遗传的生物学因素。压力也可能引起已经缓解的疾病再次复发。

在临床治疗中，人们常常将成瘾与身体依赖相混淆。然而，在适当的情况下，那些我们经常将其与滥用相联系的药物（如鸦片制剂或中枢神经系统兴奋剂）却是有益的药物。

人们在社交或娱乐场合使用包括酒精在内的一些物质来改变情绪，这并非成瘾。但认为"这些物质与酒精是相似的"这种误解非常常见，而我们一旦消除了这种误解，人人都会明白为什么成瘾是一种真正的临床疾病，以及为什么成瘾被世界上每个临床组织（包括美国医学会、世界卫生组织和美国精神病学协会）都归为疾病。显然，如果成瘾不能满足疾病定义的明确的临床条件，我所提倡的专业化成瘾治疗医学将不复存在。

现在，让我们假设你定期持续几年使用可卡因或另一种兴奋剂，而像可卡因这种刺激剂会引发或加速如中风、癫痫发作、心律失常、心脏病发作和高热（具有潜在致命性的体温升高）等疾病的发生。你去看医生做检查，他会告诉你，由于你多年的使用可卡因累积的效应，你必须立即停止使用可卡因，否则你肯定会心脏病发作或中风。该怎么办？方法很简单，立即停止使用这些药物。

对于大多数人来说，停止大量饮酒、吸毒或其他危及生命的行为，是他们为了自己的最佳利益而作出的决定。他们可以在心理学家、初级保健医生、家庭成员、朋友、自助团体的帮助下，或完全依靠自己来停止这些危及生命的行为。大多数逐渐开始依赖物质的人可以很容易就结束自己的习惯。他们主要考虑到这种情况对自身健康和他人的安全带来的所有后果及影响，并且他们为了自己的精神或哲学信仰以及自己和个人的信念，会选择停止过度饮酒、嗑药或同时停止对这两种物质的过度依赖。

一个关于选择的问题

对于那些患上成瘾疾病的倒霉蛋来说，这不是一个让他们选择的问题。他们不能简单地停止服用自己最喜欢的药物（包括酒精）。同样，他们也不能简单地阻止成瘾疾病的复发。

那些经科学证明的有关物质成瘾的事实仍然威胁着大多数美国人。他们知道成瘾者主要就是喝酒和吸毒，他们知道自己偶尔会沉迷于娱乐性的饮酒或吸毒，但他们同样也知道自己可以随时停止这样做。所以，人们为什么会成瘾呢？如果他们能够选择停止喝酒和吸毒，他们就不会患上成瘾这种疾病。这种解释是如此直观，即使还有另外的解释也难以撼动。

我们暂停一会儿，先不讨论成瘾。许多人知道自己患有高胆固醇和高血压，但却从不试图控制自己。然而最后，他们心脏病发作或患上中风，这都是他们自己的选择。许多糖尿病患者从不服用药物，同样也不控制自己的饮食，而使自己的血糖达到非常高的水平。同样，这也是他们自己的选择。有人也会选择无保护的性行为、共用针头这类会导致自身感染上艾滋病毒／患上艾滋病的行为，你能说是他们自己选择患上艾滋病吗？不能，但他们的确是因为自己的选择而促使了这种疾病的产生。

如果一个人得知其家族有严重的成瘾史，那么他会不会直接就做出糟糕的选择，如大量饮酒？是的，这种选择很有可能导致其患上酗酒这种成瘾性疾病。成瘾疾病在许多方面类似于高血压。人们不能通过意志或其他决定来控制自己的血压。患有成瘾疾病的人同样也不能通过思想的力量控制自己所患的疾病。药物和酒精成瘾患者想要停止成瘾，只能通过专业的临床帮助和朋友对自己的真正理解。

美国成瘾医学协会所定义的成瘾

成瘾是一种有关大脑奖赏、动机、记忆和相关脑回路的慢性疾病，这些回路的功能障碍会在人的生理、心理、社会和精神层面显现，主要反映了个体通过物质使用和其他行为追求病理性的奖赏和 / 或缓解。

让我们回顾一下：据美国成瘾医学协会的定义，成瘾的特征是不能坚持戒断、行为控制能力遭到损害、对个体行为和人际关系等重要问题的认识能力削减、情绪反应失调。

美国成瘾医学协会的成瘾患病鉴别标准中，主要根据 6 个维度来判定成瘾的严重程度：（1）急性中毒和 / 或戒断的可能性；（2）生物医学状态和并发症；（3）情绪 / 行为状态 / 并发症；（4）治疗接受度 / 抵触程度；（5）复发的可能性；（6）恢复环境。

治疗维持阶段的目标是：评估成瘾的严重程度以及对其进行医学诊断，将患者的实际需要与适合的服务相匹配。

维持管理

与许多康复诊所提倡的理念相反，没有在 30 天内就能治好的成瘾。成瘾者在一个月的观察期内不能永久停止酒精或药物成瘾，就像你不能在一个月内治好糖尿病或心脏病一样。有效地治疗成瘾需要受过训练的专业人员的长期医疗干预，他们可以监督和协调所有可用的治疗方式。

每个患者都是不同的，没有适合所有人的进行成瘾治疗的长期维持方案。所以，在复发难以避免的情况下，成瘾者使用的维持和恢复方案也必须是个性化的。

绝大多数成瘾者在情况稳定后都需要额外的药物和心理干预。就像在前面章节中讨论过的，人们对成瘾是否成功的评估并非是简单的戒断，戒断只是成功治疗的结果。相反，与所有的慢性病一样，生活质量决定治疗成功与否。也就是说，在医学监督的疾病管理下，成瘾者能否过上相对正常和有成效的生活？

在我治疗的病例中，有些患者在最初的状况稳定后，我对其进行了几个月的疾病管理和维持治疗；而对另外一些患者，我通过联合药物和心理咨询对其进行了长达数年的健康维持治疗，其治疗成功的唯一参照标准就是其持续的高水平的生活质量。

对于绝大多数患者来说，人们对其进行的长期护理管理在很多方面都和帮助急性治疗期的病人获得稳定状态的治疗手段相似。例如，一位阿片类药物成瘾者在其急性治疗期和维持期都使用纳曲酮进行治疗。一段时间过去，成瘾者的纳曲酮使用量逐渐减少，直到不需要用它来消除自己对成瘾物的渴望。

新一代的纳曲酮缓释剂 [商品名是维维特罗（Vivitrol）] 对治疗阿片类药物成瘾复发非常有帮助。2013 年，期刊《成瘾》（Addiction）上发表了一篇研究，证实了我在临床治疗中观察到的：维维特罗能够阻断阿片类药物对大脑中受体的作用（这篇文章中提到的是海洛因），并通过"降低欣快感、缓解疼痛、镇静、降低身体依赖和渴望"来达到预防复发的效果。和常规的每天吃一片标准释放剂量的药品不同，使用维维特罗只需每月注射一次，很好地避免了病人一直需要管理自己用药的要求。

持续进行的心理治疗也能使患者获得新的行为方式，帮助患者应对压力和其他可能引起复发的情境。其中，对患者使用包括丰富的营养和规律锻炼在内的整体健康方案也能进一步减轻其可能导致复发的压力。

严重的成瘾病例

人们在使用维持管理项目恢复特定个体的健康、维持生命和获得生活希望方面获得了成功，这些个体因为患有全身性或获得性疾病而完全依赖于阿片类疼痛缓解剂。这类特殊病例均是有成瘾史以及患有 10~15 年丙型肝炎、艾滋病、心脏问题和 / 或精神疾病的患者。这些病人并不是一般的成瘾患者，但也没有理由剥夺其获得有效治疗和恢复健康的权利。

如果没有维持剂量管理，上述严重案例中有 80% 的成瘾者随即会进入危险的成瘾状态。成瘾医学专家知道如何使用适当和有效的方法来治疗成瘾者，如使用食品药物管理局批准的舒倍生来替代危险和非法药物。舒倍生也是用于戒断成瘾的处方药，它可使成瘾者免受生命危险、解除疲劳并保持身体状况平稳。

海洛因依赖

之前，我注意到使用舒倍生治疗海洛因成瘾的优势是不会产生耐药性，但会产生天花板效应。换句话说，如果舒倍生的摄入量超过其所需量，你不会因此而变得兴奋。舒倍生是处方药，患者只能遵从医嘱服用。

人们研究的用于阿片类成瘾和兴奋剂成瘾的新药品也取得了进展。对于治疗阿片类药物成瘾，人们可以使用为患者长效注射、植入纳曲酮和拮抗剂或让其口服、植入丁丙诺啡（阿片受体的部分激动剂）等方法，以及对患者使用丁丙诺啡这种新的脱毒方法。

可卡因依赖

人们治疗可卡因依赖的新发展包括为成瘾者提供主动免疫或被动免疫疫苗、不让成瘾者产生欣快感、减少成瘾者渴望获得可卡因的激动剂、对成瘾者使用阻断成瘾性介质但不会阻断其产生正常愉快情绪的阻断剂、减少让成瘾者渴望获得可卡因及复发的促肾上腺皮质素释放因子拮抗剂等方法。短时间内，人们便用莫达非尼（modafinil）、硫加宾（tiagabine）、托吡酯和戒酒硫等目前用于治疗其他疾病的药物来治疗可卡因成瘾，这体现出人们治疗可卡因成瘾的潜力。

精神状况

一个成瘾者对自身精神现状的失败应对注定会带来不必要的后果。我的一个病人已经在匿名戒酒互助社里活跃多年。他几乎可以毫无困难地保持清醒长达 10 个月，但在 10 个月之后就会酒瘾复发。这种情况持续多年。最终，他寻求医疗帮助，结果显示自己患有周期为 10 个月的双相情感障碍。每 10 个月，他会进入酒瘾复发的躁狂期。而现在，他只要服用一种现有处方药的日常剂量，就能解决这个长期存在的问题。

如果这个人在第一时间内被诊断为精神疾病患者，就可以避免其因多年戒酒失败而造成的失望和失败感。

成瘾后，个体的执行功能明显受损，表现在感知、学习、冲动控制、强迫性和判断等方面出现问题。尽管成瘾者的生活中有很多重要的人不断对其表示关心，但他们往往不愿意改变自己的功能障碍行为，并且严重缺乏对累积问题和并发症的鉴别能力。

然而，成瘾不仅仅是一种行为障碍。成瘾的特征包括行为、认知、情感和互动各个方面：

- 成瘾者过度使用和／或参与成瘾的行为比预期的频率更高，对药物的使用量更大，通常伴随持续渴求药物的意愿和不成功的控制行为；

- 成瘾者将大量的时间浪费在使用药物、从药物使用中恢复和 / 或成瘾相关的行为上，并对社会和自己的职业生涯产生严重的不利影响（例如，人际关系问题恶化或忽略自己在家庭、学校或工作岗位的责任）；
- 尽管成瘾者存在持续性或复发性的生理或心理问题，这些问题可能都是由于药物使用和 / 或相关成瘾行为引起或加剧的，但其还是继续使用药物和 / 或参与成瘾行为；
- 成瘾者减少作为成瘾奖赏部分的行为方式，尽管其已经认识到有问题，但明显缺乏能力和 / 或准备应对变化，并采取一致行动。

随着时间的推移，药物使用或成瘾行为的重复性经历开始变得与曾经不断增加的奖励回路的激活无关，个体的主观感受也并不是得到奖赏。某人一旦经历过戒断或类似的行为，就会体验到焦虑、激动和情绪不稳定，这与没有得到满足的奖赏、大脑内成分的补充和荷尔蒙应激系统有关。这种反应与所有药理学上的成瘾性药物戒断反应相似。

虽然成瘾者对兴奋的耐受性增强了，但他们应对戒断周期出现的情绪低落的耐受性并没有增强。因此，成瘾者反复尝试创造兴奋点，但他们体会到的是越来越多的情绪低落。虽然人人可能都想要兴奋感，但成瘾者需要成瘾药物或行为来尝试缓解情感不适或戒断产生的生理症状。成瘾者被迫使用成瘾药物，尽管药物可能让他们感到并不好受。

人们需要密切监控成瘾者的个人行为和应急管理，有时还包括监督其复发行为的后果，这些有助于促进临床治疗上的积极贡献。参与增强个人责任和义务的活动、与他人建立联系以及个人成长都有助于成瘾者痊愈。

在成瘾的早期和后期，成瘾者暴露在药物和成瘾行为中，其大脑和行为的反应存在质的不同，这种差异虽然可能不明显，但能够表明成瘾的进程。与患其他慢性疾病的情况一样，随着时间的推移，人们对成瘾者的监控和管理必须达到以下条件：

- 减少复发频率和强度；
- 维持缓解期；
- 在缓解期间优化个人功能水平。

在某些情况下成瘾，人们对成瘾者使用药物管理可以改善结果；而在大多数情况下成瘾，人们在循证医学治疗的配合下，对成瘾者进行心理社会康复和持续护理会产生最好的结果。人们对成瘾者使用慢性疾病管理对减少其复发周期及其影响尤为重要。

支持性服务

因为许多成瘾者在得到有效治疗时，其生活已经一片混乱。治疗应针对患者的整体情况，而不仅仅是针对疾病，这一点非常重要。他们可能已经失业，无家可归，需要照看孩子，面临刑事司法问题，卷入家庭纠纷，等等。

人们除了对成瘾者进行药物治疗和心理社会治疗外，还需要对其进行长期剂量维持项目，可能还需要包括家庭咨询、心理健康服务、补充医疗护理、住房和法律援助以及职业服务等支持性服务。

晚年成瘾者

我有一个名叫奥古斯都（Augustus）的病人，他更愿意称自己为嘎斯（Gus），他并不符合人们想象中吸毒者的样子。66 岁的嘎斯有心爱的妻子、三个孩子和一个孙子，他一辈子都在跟海打交道。嘎斯高中毕业后就加入了海军，二十几岁时在渔租船上当甲板船员，经常在夏威夷岛附近游荡。他回忆，自己在那些日子里经常喝酒嗑药。我们第一次见面时，他对我说："医生，如果你之前在渔租船上工作，你就会知道狂欢只不过是为了消磨时光。如果在海上逮到一两条鱼还好；如果没有，就更有理由去狂欢了。想想吧，一周 7 天，天天如此。"

你或许会猜测，嘎斯是名潜在成瘾者。但在他 32 岁时，发生了一件影响巨大的事，他遇见了自己的终身伴侣——一名学校教师，嘎斯决定不再依赖酒精和可卡因。嘎斯道："说老实话，我的妻子为此做了很多，她对我下了最终通牒——你可以继续假装自己是一个逃离海军和派对的孩子，或者可以安定下来和我一起快乐的生活。"

嘎斯和妻子很快便组建了新的家庭。嘎斯继续从事海上事业，并取得了成功。一开始，他是渔租船的船长；之后，他获得了商船证书和拖船执照；最后，他是墨西哥海湾英国石油公司漏油事件中第一艘解救船员的船长。

随后，真正的麻烦开始了。嘎斯 65 岁退休，享有一份体面的退休金，当然还有医疗福利。他最想做的事情之一就是做最急需的外科整形。长期的大量体力劳动使嘎斯的软骨受损，因此他迅速预约并接受了两个髋关节置换手术。外科医生给嘎斯开了阿片类镇痛剂维柯丁来治疗术后疼痛。一年后，处方药用完了，他开始在黑市上购买这种药物。他说："我上瘾了，我知道自己上瘾了，但我控制不住。使用这种药主要不是为了缓解疼痛，而是让我可以像一个正常人一样生活。没有维柯丁，白天我会非常焦虑，晚上不能入睡。"

在黑市上很难找到维柯丁药片时，嘎斯开始购买海洛因。"天啊，作为连孙子都有了的人，我从来没有想过自己会吸海洛因。年轻时，我就避开这些毒品，那是无赖和失败者才会服用的药品。但海洛因太强大了，我只能吸食它们。我想如果自己必须注射海洛因的话，我的成瘾就更难控制了。"

嘎斯有做出改变的动力，他才刚刚退休又进行了髋关节置换手术，至少还有 20 年的美好时光等着他。他可以与妻子旅行、看望孩子们甚至钓鱼。为了阻止他对阿片类药物的渴望，我对他使用了维维特罗（一种纳曲酮长效缓释剂，维维特罗多年来已被证明在治疗成瘾方面很有成效），制定了康复方案。既然他现在行动自如，我也为其制定了规律性的养生锻炼（走路和骑车交叉进行）和完善的食谱，所有这些都是为了减少他的压力，因为压力可能会引起复发。

3 年后的今天，嘎斯的成瘾状况已经得到控制。他有时也会喝酒，但只喝一点。嘎斯说："医生，我之前喝得烂醉如泥、倒头就睡的日子再也不会有了，我把太多时间浪费在喝酒和嗑药上了。"

专栏

如何寻找一个真正的治疗中心

我在洛杉矶生活和工作时，电视和广播播放的都是成瘾中心的广告，它们听起来让人确信无疑并且知道自己在做什么。其中一些广告看起来非常漂亮：马里布海岸线的海滩风景、热水浴缸和美食餐厅。

绝大多数的广告都是表面功夫。可悲的是，有 90% 的成瘾治疗中心（也被称为康复诊所）并不为成瘾者提供循证疗法；而剩下 10% 的成瘾治疗中心的确能为成瘾者提供可靠的药品，但常常只限于脱毒。

尽管人们在成瘾的医疗辅助治疗方面取得了进展，但不幸的是，康复中心的项目还是强制禁欲和 12 步康复小组会议（如匿名戒酒会和匿名戒毒协会）。大多数康复中心都配备了药物咨询师，但他们几乎都没有经过任何训练，他们的唯一的认证资格就是自己正从酒瘾或毒瘾中恢复。

消费者应该如何找到合法的治疗中心？答案是，必须自己做

专栏

功课。但大多数患者或其家人在寻找治疗中心时做的调查，还没有他们买车时做的调查多。

我们应该寻找一家治疗中心，在那里，成瘾治疗的各个方面都建立在能有效克服成瘾的、坚实的科学和临床应用的基础上。最重要的是，成瘾治疗是在成瘾医疗专家的指导下进行的。这位医生或精神科医生（不是心理学家）有资格协调、评估和进行持续诊断和医疗辅助治疗（我们在 www.abam.net 上可以找到美国成瘾医学协会认可的内科医生列表）。

现代治疗方法能识别出那些需要进行特殊关照的具体疾病。这意味着患者可以享有密集度最小、最安全的护理水平，诊所也可以选用最适合患者情况的、有效的治疗策略。如果一家诊所只提供一种治疗方法，而不考虑不同病人的个体需要，这就是一个危险的信号。

一个有效的成瘾治疗必须帮助客户解决、识别和描述自己成瘾的个人意义。他们是因为自我药物治疗、填补内心空虚、创伤的麻木感而使用药物，还是所有这些原因都有呢？如果客户不深入了解自己的实际情况，他们就会在很长时间内存在复发危险。一个负责任的、完整的治疗方案会为患者的持久健康和福祉而考虑所有的相关方面。

警告：即使看似有用的信息源也可能会产生误导。例如，美国卫生与福利部的下属机构——物质滥用与精神健康服务管理局提供了一个在线数据库，以查找"在美国治疗物质滥用 / 成瘾和 /

专栏

或精神健康问题的机构"。这些列表中的治疗机构会经过审查，但只是简单检查，它们必须满足当地康复诊所的许可要求，这些要求在美国各州之间有很大区别，并且很多要求在大多数情况下可能会被忽略。此外，除了必须向第三方保险公司缴纳最少额度的费用外，这些机构并没有得到任何监督。实际上就是这样，甚至没有人试图了解这些服务机构的医疗效果如何。

例如，在洛杉矶地区，物质滥用与精神健康服务管理局的数据库列出了 700 家当地的治疗机构（是的，700 家）。浏览完这份长到吓人的列表后，我发现，实际上能够提供可靠的、经临床验证过治疗方案效果的机构不超过 10 家。

据估计，在 2500 万有物质滥用问题的美国人中，只有 200 万人接受了某种类型的治疗，其中只有 10% 的人接受了循证医学治疗。这一数字既令人震惊又让人沮丧。然而，我们有望看到事情会变得更好。平价医疗法案（又叫奥巴马医改）首次强制对药物使用障碍进行基本医疗覆盖，这意味着成瘾性疾病将得到和治疗糖尿病相似的处理。

此外，成瘾研究和政策先驱、奥巴马政府前禁毒副长官托马斯·麦克莱伦（Thomas McLellan）主导提出了改进方案，旨在给国家数以千计的康复诊所提供一个严格的类似客户报告的评价。如果他的计划取得了成果，人们将能通过网站访问获得相关信息，而这些在菲拉德菲亚地区已经率先实现。人们将采用基于科学研究所选择的 10 项标准对每个成瘾康复机构进行评价，包括该机构是否可以开处方药、是否参与身体健康维护、是否克服

专栏

障碍对患者进行教育、是否具备包括监测和支持在内的为病人长期恢复所做的相关准备等。

治疗模式的进步

像其他人一样，医生也会成为成瘾者。但是医生成瘾会给公众带来很大风险。例如，其开出的错误的处方药可能使病人死亡。

如何治疗成瘾的医生，这为治疗大众提供了一个模板。美国医疗协会和许可证委员会应用于 50 个州和哥伦比亚特区的医生健康计划（Physician Health Program，PHP）比提供给一般公众的治疗计划更加密集、持续时间更长。其公众保险项目覆盖的平均治疗时间是 30 天，PHP 提供的结构化治疗方案会持续 3~6 个月，然后是 5 年的维持或护理管理。该计划基于对医生、医院和对身体健康感兴趣的人的捐赠而成立，包括药物和心理社会治疗、营养锻炼咨询和其他支持服务（取决于个人的需要）。

人们已经有证据证明，PHP 的长期监测可以减少成瘾者复发。人们对成瘾者复发时的反应是对其治疗而不是惩罚。研究表明，复发的医生在经过调整的治疗后，其症状往往会得到快速的改善。

5 年后，超过 80% 的成瘾医生返回工作岗位，不再使用药物。

第8章　双重诊断

在前几章中，我们讨论了成瘾的生物学本质、社会和政治潮流在公众眼中塑造了该疾病的模样，以及成瘾人群人口统计学特征的变化。但是，如果你遇到一个人，你能知道他是不是瘾君子吗？

让我们想一想典型的成人社会聚会。例如，举办婚礼或办公室假日派对，参加人数有 100 人。而这些人中有 9 个人会定期购买非法药物，如阿片类药物（海洛因或处方止痛药，如维柯丁和盐酸羟考酮）、兴奋剂（可卡因、甲基苯丙胺或浴盐）、镇静剂（咳嗽糖浆、巴比妥类）、致幻剂（迷幻剂、麦角二乙酰胺）、镇静剂（安定、阿普唑仑）或大麻（在美国某些州是合法的）。

这些人中大约有 10 个人即将或已经酒精成瘾，平均每人每周会消耗 74 杯酒（折合 18 瓶酒）。这些酒精成瘾者只占美国成年人的 10%，但他们却消费了所有酒类的 60%（包括烈酒、葡萄酒和啤酒）。

大约有一半的酒精或药物依赖的高风险人群实际上已经成瘾，并有可能在其很年轻的时候就已经成瘾（更多内容可见第 9 章）。虽然另一方面，在中年或老年时开始成瘾的人数越来越多（我们会在第 10 章中讨论这个问题）。我们对一半以上的中老年开始成瘾的人也有精神障碍方面的诊断（如抑郁症，也可能是双相情感障碍、精神分裂症、注意缺陷多动障碍、自闭症或精神病）

因此，如果有 1/10 的人成瘾（相当于整个得克萨斯州的人数），其中有一半以上的人也有精神障碍，你能在一个房间里的 100 个人中选出这 6 个人吗？这种可能性不大。这是一个问题，因为一般而言，美国对物质成瘾的治疗不容乐观，对那些成瘾并伴有精神疾病症状（也就是所谓的双重诊断）的相关治疗则更加糟糕。

双重诊断

我经常遇到那些多病缠身、症状复杂的病例。除了有酒精或药物成瘾问题外，患者可能还有心脏病、肝病、脑功能障碍、溃疡或心理疾病等问题。

但最令人担忧的是，人们已经证明超过一半的成瘾者都会出现精神疾病和药物滥用问题之间的关联性。

双重诊断也称共病，是指一个人患有药物滥用的同时也患有情绪障碍，如抑郁症、双向情感障碍、惊恐障碍或者精神分裂症这样更严重的精神疾病。

由药物或酒精诱发的精神病和由精神问题引发的精神病不同。影响大脑内部化学反应的药物即使完全合法，但引发精神疾病的情况也并非罕见。在这种情况下，随着药物的影响逐渐消失，其诱发的精神疾病也会消失。但是，由精神问题引发的精神病不会随着时间消失，而是需要进行特殊治疗。

对于进行有效的治疗来说，成瘾者同时患有精神病和由药物引发的精神问题是一种非常独特的挑战。人们甚至难以区分这两种病症。药物和酒精既有可能加重精神症状，也有可能反过来掩盖这些症状。沉醉于成瘾性物质或严重的戒断反应都可能引发精神疾病，反之亦然。

在大学医院的急救室中，有 2% 的精神病患者长期滥用药物；而国家医院里则有 15% 的长期滥用药物患者。其中的不同难以叙述。

大约有 50% 的严重精神障碍患者都受到药物滥用的影响，有 37% 的酒精滥用者和 53% 的药物滥用者至少也患有一种严重的精神疾病。在所有被诊断为精神病的患者中，也有 29% 的患者有酒精依赖或滥用药物问题。在那些患有双相障碍的人中，其物质使用问题的可能性也是非双相障碍人群的 7 倍。

最近的一项研究显示，精神分裂症患者中有 33.7％的人也符合酒精使用障碍的诊断标准，还有 47％的人出现药物滥用的可能性比一般人群高出 4 倍以上。

特殊护理需求

患有双重疾病的患者都需要进行特殊的专业护理，大多数精神医疗服务中心并不接收有严重药物和酒精成瘾问题的病人。因此，这些病人必须在精神疾病治疗机构和药物滥用治疗机构间来回奔波、寻求治疗，或者被这两家机构拒之门外。许多治疗中心不接收患有双重疾病的病人，原因是其没有能够处理精神疾病的、有资质的医疗人员。

因为精神疾病患者情绪脆弱而且很敏感，所以"传统的"或宗教性的非医疗康复诊所并不适合医治这些病人。身处在压抑、充满冲突的环境中，对病人来说很糟糕，对他们周围的人来说也不是一件好事。

许多患有精神疾病的人在街头买药进行自我治疗。他们加入了 12 步康复支持小组，如果他们继续使用处方药进行治疗，那么他们就会被告知，他们的灵魂不再"纯洁和神圣"。这样的观点既荒谬又残酷，直接违背了 12 步康复小组最初的理念，当初的理念是认为在任何合适的时间都允许对病人进行精神治疗和心理辅导。匿名戒酒互助会（AA）的通用指导服务部门甚至出版了题为《A.A. 成员——药物和其他毒品》的小册子，表示成员可以在专业医师的指导下服用药物，非 AA 成员也应该为其他成员提供非专业的医疗建议。

不幸的是，对于本地 AA 的机构和小组来说，这种方法几乎没有什么效果，他们依然忽略该指令并强制成瘾者完全禁止使用药物，即使成瘾者使用的是由医生为其开具的治疗精神障碍的处方药。这种状况因为比尔（直到他去世后才为人所知）是在国内第一批专业戒毒医院接受一种具有致幻作用的天然止痛药——颠茄的治疗后，才构想出 AA 治疗小组而更具讽刺性。另外，他在去世前不久，探索了用合成的致幻剂——麦角二乙酰胺来治疗酒精成瘾的可能性。

双重疾病患者常常会受到非医学治疗专业人员的歧视，也会受到正在恢复的、坚持认为使用所有药物都不好的成瘾者的情感伤害，这些人常常同时摄入大量咖啡因，也会吸烟（烟中含有尼古丁，这是一种具有高度成瘾性的刺激药物）。这些不幸的双重疾病患者会发现，自己同时被药物与酒精康复群体和精神健康恢复群体所遗弃。有成瘾问题的心理疾病患者停止寻求心理健康治疗的人数是不具有这些问题的患者群体的 2 倍。

整合治疗

直到最近，还有许多心理健康专家认为治疗双重障碍患者应当有先后次序，应该先治疗药物成瘾，再治疗精神障碍，潜台词就是药物成瘾应当为精神障碍负责。在一定程度上，这种说法是正确的，因为使用药品和酒精会引发精神疾病。

今天，我们知道，双重障碍患者并不经常出现非药物性或

非酒精性精神病症状，而临床抑郁症才是其出现的最普遍的一
种精神障碍，那么，什么才是治疗双重诊断的最佳方法？

我的想法是，问题的答案就在于整合精神健康和成瘾治疗
的单一综合性计划中，该计划通过不同的设计满足特定患者的
个人需求。这种方法具有可靠的价值，并获得凯思琳·夏卡
（Kathleen Sciacca）这位纽约市精神疾病、药物成瘾和酒精中毒
综合服务部的创始执行董事的赞同。"需要通过教育让人们了解
成瘾性疾病是一种疾病，"夏卡说，"了解精神疾病并非是由家
庭所引起的，这对于成功宣传精神疾病来说很有必要。同样，
应该通过清楚地了解成瘾疾病，而向患有双重疾病的人进行成
功的宣传。"

区分不同的障碍

即使是对受过专业训练的人来说，他们可能还是很难区分
双重病理（成因和精神障碍同时存在）和由药物诱发的精神障
碍之间的差异。然而，他们却知道这种差异可能对治疗有重要
的影响。因为两种障碍的症状很相似，人们会质疑成瘾者忍受
的所有精神障碍是否都是由滥用药物引起的。然而，成瘾的相
关研究并不支持这一理解。

例如，随着使用的不同类型的药物风行或过时，公共健康
调查并不能反映出双重障碍诊断的流行病学变化。也就是说，
近来海洛因成瘾率的上升并未伴随使用者病理性失调发病率的
上升。简单地说，即使两者是以相似的方式影响大脑，但那些

暴露使用的成瘾药物并没有增加成瘾者的精神疾病患病率。

　　确定哪些病患属于什么障碍仍然是令临床医生烦恼的问题。他们使用诊断工具来测验评估患者的心理健康，并且相关研究已经有所进展，可以用其来帮助区分双重障碍和物质诱发的障碍。这些诊断工具包括《全球个人需求评估–筛查简表》(*Global Appraisal of Individual Needs-Short Screener*，GAIN-SS)，以及《精神疾病诊断与统计手册》(*Diagnostic and Statistical Manual of Mental Disorders*) 中的 "物质滥用和精神疾病的精神病学研究访谈表"(Psychiatric Research Interview for Substance and Mental Disorders，PRISM)。然而，迄今为止，最好的诊断工具仍是临床医生的成瘾治疗经验，这说明更多的医生和保健专业人员需要接受成瘾医疗训练。

　　药物诱导的精神病症状可能发生在物质使用期和戒断期。例如，酗酒者的常见症状是严重的焦虑和抑郁。虽然暴饮会增加某些个体的焦虑和抑郁水平，然而，还有一种可能出现的情况是，酒精或药物滥用的间隔延长会诱发成瘾者的焦虑或抑郁状态，通过适当的治疗和持续戒断，这些状态最终会消失。

　　值得注意的是，成瘾者滥用致幻剂可以引发幻觉、妄想和其他精神病症状，这种情况在其停止使用药品后数月甚至数年的时间里还会出现。这种情况经常与闪回相关，也就是说是由麦角二乙酰胺引起的，但据一些传闻报道，早期的摇头丸使用者也会出现闪回。

精神疾病患者使用药物

我曾经遇到一位名叫萨曼莎（Samantha）的患者，她在通宵狂欢中服用了过量的摇头丸并晕厥了 24 小时。经初步检查，我发现她不仅滥用药物，并且很可能患有精神障碍。

24 岁的萨曼莎是一档黄金时段电视节目服装部的制作助理，她长得漂亮，衣着打扮也很时尚，简直就像好莱坞的年轻女演员。她认为，自己现在的工作就是"对未来的投资"。在工作时，她有时会感到很兴奋，但经常还是感到很压抑。

她说："工作时，我几乎随时待命。我没有休息的时间，有时甚至要连续工作 18 个小时。"

她经常通过电子舞曲派对减压。她说："这确实是一种很好的减压方式，能让人暂时逃离压力，但是使用莫利（Molly，一种摇头丸）能让整个人感觉更棒。"

然而最近，她才意识到自己可能服用摇头丸过量了。在过去两个月里，她参加了几次舞会，并且服用了摇头丸，导致自己竟然忘记了在几个小时里都做了些什么。我们见面的两天前，她被自己的昏厥吓到了，她说："如果没有和这些要好的朋友在一起，我真不知道会发生什么事。幸运的是，当时他们都在，而且把我送到了急诊室。"

虽然萨曼莎滥用药品，而且使用的是这样一种非法毒品，但是她并未成瘾，她只在周末服用。虽然无法确认，但她最后一次服用摇头丸昏迷不醒，其中一个原因可能与其他药物（如镇静剂）混在一起服用有关。她承认，自己当晚在一个新的供货商那里买了摇头丸，虽然心存疑虑但还是买了，因为她找不到固定的供货人。

就萨曼莎的情况来说，她并没有过多地依赖药物而影响自己的行为。所以对她来说，进行心理咨询和服用改善生活品质的药物是最好的治疗方法（当然，使用药物并不是最佳选择，因为目前还没有已知的药物能治疗摇头丸成瘾）。

但是，除了服用摇头丸的问题，萨曼莎已经表现出临床抑郁症的特征：她的声音低沉，缺乏感情，眼神涣散，而且经常失眠。她平时工作时间长，整个人一直处于很疲劳的状态。即使是周末，她也说自己很累。最后，她还透露自己的家族有双相情感障碍病史。

我向她介绍了认知行为疗法，这是一种短期的心理咨询方法，可以帮助病人了解自我破坏行为在抑郁症中的作用，并提出避免这些问题的策略。此外，针对她的治疗方案还包括如何通过冥想来驱除焦虑、健康饮食，以及教授如何避免失眠的技巧。

最后，我给她开了一种叫作选择性 5- 羟色胺再摄取抑制剂（SSRI）的药物。SSRI 类药物包括西酞普兰 [citalopram,Celexa（喜普妙）]、艾司西酞普兰 [escitalopram，来士普（Lexapro）]、氟苯哌苯醚 [paroxetine，帕罗西汀（Paxil）]、氟西汀 [fluoxetine，百忧解（Prozac）]、舍曲林 [sertraline, 左洛复（Zoloft）]。这些药物的副作用很小，如果在专业医疗人员的密切指导下服用它们是安全且有效的。

在过去的 6 个月中，萨曼莎的身体状况逐渐改善。第一个月，我每周都见她一次；接下来的 3 个月，我两周见她一次；剩下的时间，我一个月见她一次。尽管她坦白自己还是会时不时地使用大麻，但自从那次服用摇头丸晕厥后，她再也没有使用摇头丸。她不再去舞会彻夜狂欢，但还是喜欢和朋友去欣赏现场音乐。她辞去了工作，现在正攻读经济人类学硕士学位。她说："我终于明白了自己当初所热衷的事物，它既不是时尚，也不是好莱坞。"

个性化治疗

我们如果忽视双重障碍患者的个体差异，不仅可能导致治疗无效，而且严重违反医学道德和职业操守。因为疾病的复杂性和患者的个体差异都要求我们对症下药，但实际上并没有一种单纯的方案能适合所有的疾病，尽管许多康复诊所试图使你相信这一点。

尽管专业医疗人员普遍认为，如果病人很清醒，就必须对具有成瘾和精神障碍双重问题的病人进行两方面的治疗，但是几乎没有哪家康复诊所能做到，甚至也只有很少数的医生接受过这种困难治疗的训练。

专栏

双重诊断的相关理论

人们有一种普遍的观点是，吸毒者都很疯狂，他们嗑药、酗酒、自我治疗，但真相只有一个。事实上，只有约 50% 的瘾君子患有精神障碍。

┌─ **专栏** ─────────────────

　　并不是所有患双重障碍的成瘾者都会服用药物来减轻精神上的痛苦。药物成瘾主要指的是大脑中的奖赏回路受到损坏的状态，人们可以通过核磁共振诊断性成像之类的技术对其进行观察。

　　人们目前尚不明确滥用药物和精神障碍之间的确切关系，有关双重障碍出现了许多相互矛盾、互为补充的解释，直到后来才出现了一个普遍得到认可的、由研究支持的理论。

　　因果论：该理论认为正常的药物滥用也可能导致精神疾病。该项研究的主要关注重点是大麻，并猜测，即使控制大麻的用量也会显著增强诸如精神分裂症等精神障碍的发病风险。然而，该理论的支持者无法解释这一现象，在过去 40 年，虽然吸食大麻的人数急剧增加，但是精神分裂症和其他精神疾病的发病率却没有上升（1969 年吸食大麻的人数比率为 4%，而 2013 年该人数比率上升到 38%）。

　　注意力缺陷多动障碍：每 4 个有药物成瘾障碍的人中通常就有 1 人患有注意力缺陷多动障碍。研究表明，注意力缺陷多动障碍通常与成瘾者对毒品的强烈渴求有关，滥用药物导致出现精神疾病的人数甚至高于没有出现精神疾病的人数。

　　自闭症谱系障碍：有趣的是，虽然多动症和自闭症有很强的相关性，两者有许多相同的症状，但是其对药物滥用的风险却起到完全相反的效果。注意力缺陷多动障碍似乎会增加药物成瘾的风险，自闭症则会降低成瘾的风险。一些理论认为，自闭症患者具有抑制性的内在人格特质、内向的性格，这在一定

┌─── **专栏** ──────────────────────────┐

程度上阻碍了他们滥用药物。另一方面，有研究表明，酒精会进一步损害自闭症患者的社交技能，其情绪感知和理解幽默的能力都会下降。

减轻心境恶劣：心境恶劣和欣快感恰好相反（心境恶劣通常包括焦虑、抑郁、无聊、孤独）。该理论认为，患有精神疾病的人经常伴随明显的心境恶劣，这会促使他们通过酒精或药物来减轻精神痛苦。有科学研究认为，这些感觉正是滥用药物的基本因素。

多重风险因素：该理论认为，引起双重障碍的原因不止一种，而是包含很多种，如贫困、同伴群体压力、童年不幸、性虐待、社会隔离以及缺乏结构化的日常活动（如就业）。

过度敏感理论：该理论认为，人们在童年时的压抑触发了其个人内在的易感性（由于遗传或环境造成的），导致他们对酒精和毒品的负面作用过度敏感。之后，他们即使接触少量的酒精或药品都会导致负面作用无限放大，其中包括暴力、攻击甚至犯罪行为。

创伤后应激障碍、退伍军人和药物成瘾

直到 1980 年，创伤后应激障碍（Post-traumatic stress disorder, PTSD）才被定性为精神疾病。第一次世界大战期间，有 300 多名可能患有创伤后应激障碍（PTSD）的"癔症性"士兵被射杀。第二次世界大战期间，这样的士兵被打上懦夫的烙印。在越南战争中，他们被视为精神分裂患者。

└────────────────────────────────────┘

专栏

如今，在经历了越南战争、伊拉克战争或阿富汗战争的退伍士兵中，创伤后应激障碍成为其最常见的精神疾病。近 10 年来，大量的士兵退役，掀起一股新的伴有成瘾问题的创伤后应激障碍潮流。

退伍军人护理中心接收了约 900 万退伍老兵，经诊断，有 27% 的人患有创伤后应激障碍。研究表明，在退伍的老兵中，其患有的创伤后应激障碍和药物成瘾之间有很大关系；在戒瘾的老兵中，约有 1/3 的人也患有创伤后应激障碍。简言之，成千上万的退伍士兵同时患有药物成瘾和创伤后应激障碍。

不幸的是，对一种病症有效的药物似乎对另一种病症不起作用。

经美国食品药品监督局认证，舍曲林和帕罗西汀对创伤后应激障碍有效，但对药物成瘾效果不大。类似的，经食品药品监督局（FDA）认证，虽然已经证实舍曲林和帕罗西汀可用于酒精依赖治疗，能够减轻创伤后应激障碍患者的酒精依赖，但尚未证实它们对创伤后应激障碍是否有特定的作用。

同大多数双重病症的治疗过程一样，若要同时治疗创伤后应激障碍和药物成瘾，需要制定个性化的治疗方案。

第9章　青少年和年轻人

1982年，一名女学生问当时的第一夫人南希·里根（Nancy Reagan），如果有人让自己吸毒怎么办，她回答道："就说不行！"

自此，一场长达40年的公共关系运动开始了。虽然这场运动最终非常悲惨地失败了，还搭上了高达5亿美元的费用，但它却依旧奇迹般地持续着。这个计划对戒掉酒瘾和毒瘾没有起到任何作用，反而使年轻人的酒瘾和毒瘾变得更加严重了。虽然人们现在不再积极推动这个计划，但它作为毒品战争的一个分支——"说不"计划仍在政治、教育、公安和司法领域发挥着重大影响。

这个耗资数十亿美元、旨在治疗青少年毒瘾的计划并非基于研究成果，而是从一句下意识随口说出的话演化而来。这充分说明美国不仅搞错了优先顺序，还浪费了资源。如果有人真的相信对孩子们随口说的一句话就能成为改变青少年群体用药文化的健全政策，那他们一定会认为孩子们很好糊弄，而事实上根本不是这样。

自国会 1914 年批准《哈里森麻醉品法案》(*Harrison Narcotics Act*) 以来，人们进行的"说不"计划、毒品战争以及几乎所有为阻止青少年成瘾所做的努力，包括现在看上去令人啼笑皆非的 1936 年的纪录片《大麻烟疯潮》(*Reefer Madness*) 都失败了。因为孩子们知道，这些宣传中宣称的"饮酒和吸毒会直接导致上瘾"只是在吓唬他们，并不是事实。

"说不"计划不仅没用，而且有害无益。因为它加强了一个错误的概念，这个概念被出于好意的 AA 社区传播、被不道德的康复行业加以利用。他们告诉大家，成瘾是一件你可以拒绝的事。如果你足够努力，你就可以停止成瘾。成瘾就像糖尿病、心脏病、关节炎等其他慢性疾病一样，只要你说停止成瘾，你就可以不再受其折磨（天哪，这根本不对，不是吗？）。

专栏

成瘾的相关数据

根据一项由位于哥伦比亚大学国家成瘾和物质滥用中心实施的、全国范围的研究《青少年物质使用：美国最大的公共健康问题》，在符合医学上成瘾标准的美国人中，有 9/10 的人都是在 18 岁之前开始吸烟、喝酒或使用其他物质的。

专栏

这份研究表明,在 18 岁前曾经使用任何一种成瘾性物质的美国人中,有 1/4 的人最终会成瘾;而在 21 岁及以后才开始使用成瘾性物质的话,其成瘾率只有 1/25。

来自该研究的其他相关数据如下。

- 有 75%(1000 万)的高中生曾使用过成瘾性物质(如酒精、大麻和可卡因),其中有 1/5 的人达到成瘾的医学诊断标准。
- 有 46%(610 万)的高中生现在仍在使用成瘾性物质,有 1/3 的人达到成瘾的医学诊断标准。
- 有 72.5% 的高中生曾喝过酒。
- 有 36.8% 的高中生曾经使用过大麻。
- 有 14.8% 的高中生曾误用管制处方药。
- 有 65.1% 的高中生使用过超过一种以上的成瘾性物质。

该研究发现,美国文化在很大程度上影响了青少年对成瘾物的使用:"广泛的社会影响巧妙地容忍着甚至公开地鼓励对成瘾物的使用,包括父母、学校和社区对其使用的接受,无处不在的广告,大众传媒的误导,媒体把成瘾物使用形容成有益的或是有魅力的、有趣的和令人放松的。"

这些文化信息和随处可获得的酒精、大麻、毒品以及管制处方药使物质使用变得正常化,也损害了年轻人的健康和未来。

- 在 46%(3400 万)的未满 18 岁的孩子所生活的家庭中,有 18 岁及 18 岁以上的成人吸烟、酗酒、滥用处方药或使用毒品。

专栏

- 有 42.6% 的父母把吸烟、喝酒、吸食大麻、乱用处方药和使用其他毒品列入自己所关注的孩子发生的问题的前三位。

- 有 21% 父母认为大麻是无害的药品。

除了会增加上瘾的风险，青少年使用毒品的后果还包括：发生事故和受伤；意外怀孕；患有各种疾病（如哮喘、抑郁、焦虑、精神病和大脑功能受损）；降低学业表现和教育成就；参与犯罪行为甚至死亡。

如果你不关心青少年的幸福，那么还可以考虑一下社会为治疗成瘾的费用。

- 与治疗青少年物质使用相关的司法及预防项目支出高达 140 亿美元，治疗青少年物质使用是目前美国最大的、费用最高的可预防性公共健康问题。

- 每年，用于治疗青少年物质使用的直接费用高达 680 亿美元，其中包括治疗未成年群体饮酒和药物使用所花费的估计数额。

- 联邦政府、州政府和各地政府为应对源自青少年的物质使用带来的相关问题，每年的费用高达 4680 亿美元。

- 美国在治疗青少年物质滥用方面的费用平均每人每年高达 1500 美元。

"成瘾物的使用问题并不在于我们不知道该做些什么，而是我们没有做到该做的事，"国家成瘾和物质滥用中心副主席和政

> **专栏**
>
> 策研究分析主管苏珊・福斯特（Susan Foster）说，"我们必须意识到青少年对成瘾物的使用是一个可预防的公共健康问题，成瘾是一种可治疗的医学疾病。我们要尽自己最大的努力来解决这个问题，就像我们遇到其他威胁儿童安全的公共健康问题（如传染病）时所做的一样。"

为什么青少年和年轻人的治疗不同于其他人

人们都知道青少年会喝酒、使用药品，但大众甚至许多医学专家都不明白他们为什么会这样做。十几岁的青少年开始追寻自我认同，也就是获得自我感。确切地说，青少年的自我认同完全基于他们如何看待自己，而不是他们的父母如何看待他们。研究表明，青少年努力获得自我认同感的一个主要途径就是做那些被禁止的事，如饮酒和使用药物这种成年人才被允许做的事。

青少年的大脑还在发育，因此对成瘾造成的大脑损害更加敏感，这使青少年很自然地乐于使用酒精和药品，从而让这个问题变得更加复杂。不幸的是，人们应对青少年成瘾所做的许多努力都建立在21世纪早期悲惨的哲学观之上，大多数青少年认为这和自己的生活没有任何关系。

然而，我们认为，并不是每个尝试过酒精和药品的青少年都会成瘾。事实上，大多数青少年并不一定会成瘾[1]。最近，美国最著名的神经科学和成瘾记者之一马娅·萨拉维兹（Maia Szalavitz）在 Substance.com 的一个专栏中指出，可卡因成瘾平均持续 4 年，大麻成瘾平均持续 6 年，酒精成瘾平均持续 15 年。海洛因成瘾和酒精成瘾持续时间大致相同。阿片类处方药成瘾平均持续 5 年。一位年轻时吸食可卡因和海洛因的女性说，她在 23 岁时就不再吸食这些毒品了。这从理论上说明，实际上，她的大脑最终发育成熟了："尽管我接受了治疗，但我是在自己的前额皮质（大脑中负责做判断和自我约束的部分）最终成熟时才戒掉了毒瘾。"

真正成功的针对青少年的成瘾教育和治疗应该基于现实的、非评判性的、旨在降低伤害的方案，而不是以毒品战争为基础的胡编乱造。总的来说，针对青少年酗酒的治疗方法必须完全不同于酗酒几十年的中年人的治疗方法。

首先，不要产生伤害

如果我们真的想减少伤害，我们就必须向青少年传递一种既能被他们认可又具有个性化和操作性的短期减少伤害的信息。与成功预防 40 年后的肝功能衰竭相比，我们更有可能成功阻止青少年在毕业舞会结束的当晚酒驾。

---

[1] 作者在书中阐述的有关成瘾、毒品等观点均来自其临床研究，但某些观点在我国并未得到认可，且不符合我国现行的有关毒品的法律法规。编者在此提醒读者，珍爱生命，远离毒品。——编者注

　　艾米·朱斯尼（Amy Dresner）是一名幽默的作家，她认为自己曾经过得一团糟。她在一篇以无拘无束的风格而知名的讽刺文章中提到自己的吸毒经历。她回忆，自己以前经常直接用针头把甲基苯丙胺注射到血管中。随着注射次数越来越频繁，她开始出现强烈的痉挛现象。她准确地意识到因注射引起的痉挛意味着可能引发大脑损伤。"我开始意识到，注射甲基苯丙胺是一项需要装备安全装置的身体接触运动，"她开玩笑道，"我在注射时开始戴橄榄球头盔了。"

　　尽管这听上去挺可笑，但朱斯尼实际上正在采取积极的步骤来考虑和使用减少危害这个概念。她要保护自己的大脑免受损伤。这个减少伤害的过程就是尽可能在任何情况下、任何时间内都减少对大脑的伤害，从而可以停止自己的危险性行为。于是，朱斯尼不再注射甲基苯丙胺，也再也用不到橄榄球头盔了。

　　想要防止酒驾及意外事故的发生，人们可以通过警告青少年直接的现实后果或在其聚会后采用其他的交通方式来实现。人们实施这个救命策略的障碍在于需要面对现实，以及基于青少年已经开始喝酒的事实。

　　正如全球的研究者所证明的那样，在美国存在一个很大的问题：法定饮酒年龄为 21 岁，但实际上，人们开始喝酒的平均年龄是 13 岁或 14 岁。这就意味着，在美国学校开展的酒精教育计划从一开始就存在这样一个不利条件：人们错误地假设大部分目标受众没有喝过酒或没有使用过药品。

彼得·内森（Peter E. Nathan）在自己的《酒精依赖预防和早期干预》研究中引用的一些研究数据表明："对学校酒精教育计划做出积极响应的学生，他们可能最不需要实施酒精教育计划。这个计划可能并不能真的帮助那些使用酒精和药物风险最高的学生们。"

使用酒精和药物风险最高的学生指的就是那些有家族滥用史的、有过反社会行为的学生。他们"在生理或心理上超出了传统学校酒精预防计划的范围"。

一个成功的酒精预防计划应运用真实有效的教育策略，把药物使用纳入广义的健康课程的一部分，一个健康课程包括医疗护理、营养学、运动生理学、卫生学、生态学、安全学和其他影响学生生活质量的活动。

在预防酗酒和吸毒的工作中，我们仅仅关注毒品和酒精会忽视导致疾病的其他因素。一个有效的学校酒精预防计划应该传递真实和积极的信息，应该不只包含节制这一种模式，还应该采取温和的手段、重视减少伤害和个人责任。如果可能的话，学校预防计划中应加入学业计划，因为学生的学业失败与其药物使用关系密切。这种综合计划能加强学生与学校的联系，降低他们辍学的可能性。

我们必须持续评估所有预防或减少未成年饮酒和药物使用的计划，评估时需要回答以下问题：

- 在计划中达成了哪些目标?

- 计划是如何执行的?

- 参与者接受了多少计划内容?

- 接受计划的数量和结果之间是否有联系?

- 计划是否按照预期运行?

- 计划是否实现了短期预期?

- 计划是否产生了预想的长期效果?

人们对成功的方法进行的反复研究和评估表明,处理青少年饮酒和药物使用最成熟、最实用的方法就是策略性地减少伤害计划。换句话说,就是使世界变得更加安全,对已经饮酒的青少年和没有饮酒的青少年来说也是安全的。这个减少伤害计划就是将个人、社会与所受伤害区分开,就像使用安全带和安全气囊可以提高道路安全的减少伤害策略一样。

减少伤害计划旨在减少人们在酒吧和夜总会饮酒造成的伤亡和其他损失。美国目前禁止酒吧向显然已经喝醉的人供应酒精,法律也限制酒吧在口头上鼓励人们喝酒。如果一个醉酒的司机因酒驾撞死了人,那么在他喝醉后又卖给他酒的酒吧服务生可能也要承担刑事责任。虽然有人抱怨,这些人就算买不到酒,也会去其他地方找酒喝,但这种法律仍然降低了使其喝得更醉的可能性。

把车钥匙从醉酒的人手中拿走,并给他们叫一辆出租车回家是一项重要的正在拯救生命的减少伤害政策,这也正是代驾的意义。"真正的朋友不会让朋友酒驾"是美国一场重要的减少伤害运动，它发挥着有效的作用。

减少伤害

减少伤害是一种以健康为中心的方法，旨在不要求使用者必须戒断的前提下，减少饮酒和药物使用导致的健康和社会危害。

减少伤害是一种在药物使用方面满足使用者的无偏见反应、对其行为不施加道德判断的方法，其包括了许多不同的反应方法，如促进更安全的物质使用、促进戒断等。

基于减少伤害的计划和运动行之有效，我们可以明确阐明其具备的以下特征。

- **实用主义：**接受使用影响精神状态的药品具有的不可避免性，并且接受在社会中存在某种程度的物质使用。
- **人文价值：**物质使用者可以自己决定是否使用酒精和其他药品，而不会有人在道德上对其做出判断，无论是对其谴责还是支持，也无论其使用水平或摄取方式如何。人们都应该尊重使用酒精和其他药品的人的尊严和权利。
- **关注伤害：**使用者使用药品造成的危害比其使用程度更重要。
- **分层次目标：**大多数减少伤害计划都有其目标层次结构，人们首先要解决对患者最具有潜在伤害的症状。

危害性的社会后果

对成瘾者来说，成瘾与惩罚性执法制度相关也具有危害性。

研究表明，与使用除酒精外的其他药品相关的风险（尤其是与那些攻击性行为和暴力行为相关的风险）远远小于与使用酒精相关的风险。与非法使用药品相关的惩罚造成的伤害比使用药品本身造成的伤害更大。

由于使用大麻的潜在伤害较小，人们减少伤害的一个重要方面就是在那些因现行法律而对大麻检测呈阳性结果的人进行伤害性惩罚的领域，限制对成瘾者大麻使用情况的检测。

例如，如果一名参加联邦项目、来美国交换的学生在一次聚会上吸食了大麻并且被其寄宿家庭发现了，寄宿家庭有义务报告这件事。一旦被报告，这名学生就永远不被允许在美国继续学习或工作，也不能再次进入美国境内。这种伤害不是由于其吸食大麻造成的，而是由于惩罚造成的。

对于青少年来说，无论是其健康状况，还是可能会面临的惩罚，这些长期的考虑都没有任何意义，因为他们想象不到自己一年后的生活会如何，更难想象他们目前的行为会对自己未来接受高等教育、步入婚姻、组建家庭和就业造成怎样的影响。

一个成功减少过度饮酒的青少年成为酗酒者的风险的方法是：由其信任的人提出友好的建议。给中度饮酒者提出的建议不能是带有批评性的或任何偏见的，这一点非常重要。一个好的建议应该不带有批评性，并且没有夸张的反应、威胁或压力。事实证明，一个简单的建议远比对中度饮酒者的饮酒行为进行说教、责骂或威胁更加有效。

去除秘密性也许是一种有效的方法。当父母和监护人告诉青少年，如果他们真的想喝酒或使用药物，那么他们可以在家里使用。这样一来，他们由于使用药品而带来的秘密性或叛逆性就立刻消失殆尽，甚至比酒精蒸发的还要快。

治疗青少年和年轻人

我们无论如何假装事实并不是这样，但实际上，青少年有尝试酒精和药品的行为很正常。换句话说，我们可以说它是不健康的行为或父母不允许的行为，但它的确是正常的行为。

现实中，确实有过度使用药品和酒精的青少年，但青少年酗酒并不常见。有一些十三四岁的孩子尝试使用过各种改变情绪的药品，但他们并不算药物成瘾者。我们可以说他们有患成瘾疾病的风险和可能性，但他们并没有真正成瘾。这就像一个孩子胆固醇高，但其并没有患心脏病一样。而且，我们也有可能预防这些具有成瘾风险的人变成酒精或药物成瘾疾病患者。

酗酒的风险会随着饮酒者大量饮酒而增加，特别是那些尚处在成长发育期的青少年。在决定饮酒者是否成瘾中的因素中，生物学因素起到 50％ 的作用，因此有酒精和药品滥用家族史是成瘾者最重要的风险指标。

其他会影响到青少年出现饮酒问题的因素包括：父母监管或沟通不足、家庭冲突、不一致或严格的家庭管教、冲动管理问题、情绪不稳定和刺激寻求的行为，以及误认为酒精使用风险低。

如果母亲有饮酒问题，那她的女儿极有可能酗酒，并且可能在 14 岁之前就开始饮酒。在社会方面的影响因素中，家庭关系会对青少年的饮酒问题产生影响。研究表明，如果 16 岁到 18 岁的青少年与母亲关系亲密，则会更少出现大量饮酒的情况。

对于大量饮酒的青少年或 14 岁就使用可卡因的少年来说，与那些喝了几十年酒的中年酗酒者、患丙肝和 HIV 的中年海洛因成瘾者以及周末吸食氯胺酮的 23 岁的双向情感障碍患者相比，治疗他们成瘾疾病的方案完全不同。

青少年被送到康复所最常见的原因是，他们因药物或饮酒问题在学校或家里惹了麻烦。他们的行为涉及范围可能很广，从正常的鲁莽行为到公然大量使用毒品，以及其他危险行为。

虽然饮酒不等于酗酒，使用药物也不等于药物成瘾，但社会却给饮酒和使用药物的青少年带来很大压力，将饮酒和 / 或吸毒的青少年当作必须接受治疗的瘾君子来对待，并且声称为了他们的健康着想而强迫他们去康复。加利福尼亚州的一个康复治疗中心的广告说道："即使不得不违反青少年的个人意愿，让他们进入康复中心也是最好的选择。"

1979 年，美国最高法院裁决授权父母可以不经司法诉讼将未满 18 岁的孩子送入治疗机构。这对私人"治疗中心"、私人精神健康机构和专门帮助父母强迫他们的孩子进入康复中心或精神病院的律师来说，都是有利可图的。

在过去几年中，美国有几个州修订了《非自愿承诺法》，哪怕某些成瘾者并不想治疗，但那些爱他们的人让其接受物质滥用治疗会变得非常容易。根据美国许多州的法律，如果成瘾者坚称自己不需要治疗，恰恰证明了其没有意识到自己需要治疗。

成瘾者的父母们对这项法律赞赏有加，因为这允许了他们为孩子或其他家庭成员提供所需的帮助。然而，人们对"所需的帮助"并没有广泛认可的定义，许多治疗酗酒和药物成瘾的医生非常关注那些州对成瘾者的法律授权，他们认为，那些违反公民意愿制定的预防性治疗计划不合伦理和不明智。

有资料表明，如果不考虑强迫入院的伦理问题，不管当事人是否自愿接受治疗，人们对其进行的酗酒和药物成瘾治疗都是有效果的。对青少年来说，对其使用恰当的治疗方案中的教育性和赋权性经验具有重要的价值，这些能帮助他们明确选择继续或放弃哪些行为。

如果成瘾者的治疗经验只是强化了其作为一个瘾君子的身份感，而且让青少年与更严重的药物使用者长期接触并保持情感上和社会上的紧密联系，那么他们成年后真正变为成瘾者的风险就会增加。

那些只关注青少年的机构也面临着挑战。最近的研究警告我们，在同伴团体干预中将高危青少年分在一组的方式存在风险。我们已经有证据证明这种分组方式存在负面结果，参与者会强化彼此的药物使用。我们在住院治疗中心对患者的相互作用进行结构化干预时，必须认真考虑这一点。

人们针对青少年和所有人使用的最常见的药品和酒精治疗叫作 28 天计划。然而，人们进行的 28 天计划并没有合理的或医学证据的支持，它只是大多数保险公司无异议提供保险的天数。当治疗中心告诉你，他们提供即时评估（evaluation）时，指的并不是诊断（diagnosis）患者的情况。如果他们说的是诊断，他们就会去做诊断；如果他们说的是评估，他们通常指的是评估你的保险范围。

成瘾：错误的假设

一旦你被药品和酒精治疗中心认定是一个瘾君子，那你就是个瘾君子了，任何抗议都没有用。这种情况在实施 12 步计划以及那些号称包治百病的成瘾治疗机构中最为常见。

美国心理学家大卫·罗森翰（David Rosenhan）因一个同名实验而闻名，他指派一组自己的心理学研究生进入一个精神研究机构，并在报告中说他们深受精神症状的折磨。而他们一旦进入精神科病房后，其行为就完全正常，绝对没有任何精神病症状。医务人员没有意识到这些学生是正常的，而是诊断出他们患有精神病，并且拒绝让学生离开，直到让他们承认自己患病和答应接受诊断。

那些被送到康复中心、被告知自己是"疯狂"的瘾君子、永远的失败者的青少年们回家后发现（其周围每个人也都这么认为），他们好像穿着一件印有巨大的红色字母"A"的 T 恤，以此表示自己是"瘾君子"（Addict）。

成瘾者康复之后会产生自我意识和抑郁，伴随着失败者的强烈耻辱感，并会造成其极端的情绪压力。康复后的青少年总会有一个已经准备接纳他的群体——那些喝酒和使用药物的人。

一个年轻女子在网上论坛上评论道："在我13岁时，我的父母把我送到康复治疗中心，我的那些包括治疗、家庭治疗或治疗时间等问题本来很容易解决。但当我14岁从治疗中心康复后，我却感觉自己像一个被社会抛弃的人。我被学校开除了，就因为他们发现我去过康复中心。"

青少年治疗中真正的第一步

在青少年被迫进入康复中心之前，父母或监护人应咨询专门从事成瘾治疗的医生，并让青少年与医生充分交流。人们向医学专业人士进行咨询，并获得治疗成瘾的诊断方案永远是最好的治疗方法。如果青少年不是成瘾者，医生会如实告诉他们，并告知任何相关的治疗问题以及如何降低患慢性病的风险。如果青少年是成瘾者，那么成瘾医学专家最有资格向其推荐最适合的治疗方案。

不是所有的青少年饮酒者都会成为酗酒者，但所有青少年饮酒者都面临多种健康问题和可能出现的与危险行为相关的法律惩戒。针对青少年饮酒和药物问题最全面的方法是：从短期来说，减少对成瘾者的伤害，并对其实施减少酒精中毒和成瘾风险的预防措施。

成瘾的家族史

肖恩（Sean）18 岁，他有很严重的吸食可卡因的问题。他的妈妈很有钱，而且在几年时间里曾多次试图让他去康复中心治疗，但都没有成功。最后，肖恩被迫进入了一家高档的治疗中心，其所有的治疗费用都不能退还。周末，当允许家人拜访患者时，他的妈妈给了他进入康复中心的奖励——一块价值 25 000 美元的劳力士手表。

你可能猜到接下来发生了什么。肖恩走出康复中心，卖了劳力士手表，然后买了大量的可卡因。这种行为可能不道德，但完全可以理解。成瘾者和酗酒者大脑中的奖赏和动机中心存在结构性或功能性损害，这个区域位于大脑边缘叶。当大脑这一区域正常运行时，奖赏系统会让我们记住并重新回想那些愉快的生活经历；当它受损时，即使我们做出的某些行为会带来痛苦而不是快乐，我们还是会继续。

在肖恩用劳力士换了大量可卡因后不久，我见到了他，他显然已经成瘾了。每个人都知道他的身体检查情况，证实了他是一个可卡因成瘾者，他喝酒、嗑药、抽大麻。"我不挑剔，医生，我什么都抽。"他笑着说。

事实证明，肖恩具有成瘾的家族史。他的一个姨妈死于吸食海洛因过量。他的一个堂弟死于酒驾，其父母都在恢复期。我向肖恩解释，他这种无法控制的饮酒和药物使用属于慢性疾病的症状。他的成瘾可能有非常强的遗传基础。他不能停止喝酒和药物使用并不意味着他是失败者，这不是他的错。

他惊呆了，花了一分钟来理解这个说法。"真的吗？我上次去的康复中心说这些都是我的错。如果我真的想停止，我就能停止。"他说。

我解释说，虽然这些不是他的错，但不幸的是，因为他相对年轻，如果他继续喝酒并使用药品，就会有很高的脑损伤危险。"你的智商其实在快速降低，你的肝脏很可能需要移植，你的睾丸也在萎缩。如果你继续喝酒、吸毒，你不久就会变得更笨、更虚弱、更无力。"

我的话引起了他的注意。经过他父母同意，我设计了一种药物治疗方案以阻止他对饮酒和药物使用的渴望。我还安排他开始进行激励治疗，让他思考生活的方式发生改变。我们帮助他专注于激烈的户外运动（他喜欢攀岩）来替代喝酒和使用药物获得的肾上腺素升高。

肖恩在内心深处有了戒断的动力，他已经看到药物成瘾对自己的家庭造成的伤害。在我们初次见面的 6 个月之后，他进入了大学，开始攻读犯罪学和法学科学学位。是的，他毕业后想在刑事司法部门工作。

关于孩子和成瘾的批判性思考

成瘾者的家庭成员需要了解成瘾疾病，并对患有成瘾疾病的家人的行为变化有现实的期望。这就要求其家庭成员在自己所爱的人的治疗中成为知情的参与者。

以循证为基础的医疗实践中，批判性思维也是必不可少的一部分。显然，除了事实信息之外，我们还需要增强批判性思维能力，以抵制有关成瘾、依赖和治疗有害的流行观念。

专栏

酒精和青少年大脑

酒精和药物滥用导致太多的青少年脑损伤。如果我们有理智的话，我们应该把所有的青少年锁在屋子里，直到他们 20 多岁大脑完全发育之后再放出来。既然这些行为不会发生，我们采用的最好的办法就是告诉青少年和成年人这一可怕的事实。

青春期是人类大脑发展的一个独特时期。研究表明，过量使用酒精和毒品会导致包括结构、体积、白质质量和执行认知任务能力的大脑功能异常。

这里的滥用不是指成年人滥用酒精和毒品的量。青少年只需一年大量饮酒，平均每周喝 4~5 杯，就能造成刚刚描述的神经发育损伤。青少年在短时间内消耗 4~5 杯酒对其神经发育特别有害。

青少年大脑发育是其童年和成年之间加速进化的一个典型时期，这一时期复杂的社会、生物和心理变化相互交织，影响其行为。简而言之，生物学和环境都提高了青少年开始滥用酒精和毒品的风险。

科学研究表明，大多数酒精和毒品对青少年造成的大脑损伤都是不能消除的。一项研究表明，沉迷于吸大麻的青少年即使经过 4 个星期的节制后，他们仍在学习、认知灵活性、视觉扫描和

专栏

工作记忆的表现测试上比不吸大麻的青少年表现更差。人们对饮酒的青少年进行的研究也有类似的结果。

随着神经影像学上的进步（比如 MRI 测试），人们鉴别受饮酒和吸毒影响的大脑部分变得更容易。我们将大脑分解一下来看。

海马体：研究表明，海马体负责大脑中记忆和空间导航的部分，测量饮酒和吸毒过量的青少年体内海马体体积明显减少，这会影响其短期和长期记忆。

前额叶皮质：额叶与大脑中奖励、注意力、计划和动机的部分相关。与海马体一样，重度青少年饮酒者和吸毒者的额叶比其他人更小，会导致其言语记忆变差。这种差异在女性中尤为明显。

脑白质：脑白质很重要，它调节了从身体其他部位向大脑传递神经的速度。重度青少年饮酒者和吸毒者的脑白质更少，会导致其抑郁症的症状增加。

脑血流：慢性饮酒者已被证明脑血流减少。酗酒和长期饮酒都可能导致中风，甚至在没有冠心病的人中也是如此。最近的研究表明，酗酒的人比不酗酒的人多出 56% 的可能在 10 年后患上缺血性中风，多出 39% 的可能患上任何一种类型的中风。最近一项研究检测了重度饮酒的青少年女性，证实了她们虽然相对年轻，但并没有因此使其免于脑血流量减少及其潜在的破坏性影响。

目前的研究清楚地表明，人们在青春期大量饮酒和吸毒会导致大脑异常，并且这种异常不可能随着时间的推移而减少。

第 10 章　胎儿酒精综合征：真相及预防

　　如果我们在讨论成瘾疾病时有任何值得特别考虑的未成年人群，那就是未出生的胎儿。你可能认为，这种说法引发了未出生的胎儿和孕妇是否有提前选择权的问题。但是，我要说的这一点与党派政治无关，而是关于100％可以预防的灾难性状况。

　　1968 年，华盛顿大学港景医学中心（Harborview Medical Center）住院总医师克里斯汀·尤兰（Christy Ulleland）首先发现了产前饮酒与婴儿不良发育之间的联系。1968 年 1 月，尤兰接受资助进行了一项为期 18 个月的研究，从而科学地评估自己的临床观察结果，即饮酒女性生产的婴儿发育不良。她的结论是："把长期酗酒添加到影响胎儿发育不良的母体子宫内环境因素列表中是恰当的，因为其后果可能是终生的。"

胎儿酒精综合征（fetal alcohol syndrome，FAS）是美国最常见的精神发育迟滞的可预防因素，也是最能预防的导致出生缺陷和发育障碍的原因。

如果你怀孕了或计划怀孕，就绝对不能喝一滴酒。怀孕期间任何时候都没有安全的酒精量，无论是喝一杯黑皮诺、一小杯伏特加马提尼、一杯苹果酒，还是喝一瓶手工啤酒。

毫无疑问，这是一个确定的事实，根据孕妇的代谢水平，特别是在怀孕的前 3 个月，其即使喝极少量的酒也有可能导致孩子出现不可逆的出生缺陷。孕妇饮酒生出的婴儿可能从外表上看完全正常，但其大脑会出现永久的和不可逆的损害。

预防胎儿酒精综合征并不复杂，你只要在怀孕期间不喝酒就可以了。如果你在怀孕期间不使用酒精，就可以避免孩子智力迟钝、身体残疾，甚至可以避免未来出现可能触犯法律的其他行为问题。

许多母亲都是知道自己怀孕之后才停止饮酒，但有可能已经对发育中的胎儿造成了伤害。外科医生的建议是女性怀孕时和计划怀孕时都不要喝酒。

还有，人们的认识和实际情况往往存在巨大的差距。许多人都错误地认为，患有胎儿酒精综合征的婴儿的母亲都是重度饮酒者或酗酒者，这是一个错误的、危险的观念。

胎儿受损害的程度取决于母亲在怀孕期间的代谢水平和肝功

能，而且没有两位完全一样的女性。因为你不知道自己的新陈代谢和肝功能的细节，你没法知道自己喝一杯酒会对孩子造成多大的伤害。在怀孕的时候喝一杯酒，就像你在不知道弹膛是空着的情况下用手枪指着婴儿的头，旋转弹膛，闭上眼睛，扣动扳机，并希望自己只是听到"咔哒"的声音一样。

孕妇即使饮用极少量的酒精也可能会杀死发育中胎儿的脑细胞。约翰·欧尼（John Olney）在圣路易斯华盛顿大学医学院进行的一项研究表明，孕妇在怀孕期间喝两杯酒可能足以杀死胎儿发育中的脑细胞，从而导致其永久性脑损伤。

加拿大儿科协会发现，"胎儿酒精综合征是由母亲怀孕期间饮酒引起的一种常见的、但却未被充分认识的疾病。虽然胎儿酒精综合征是可预防的，但它也具有致残性。胎儿酒精综合征的诊断和治疗服务需要使用多学科的方法，并涉及医生、心理学家、幼儿教育者、教师、社会服务专业人士、家庭治疗师、护士和社区支持圈"。

如果女性能够做到怀孕时、计划怀孕时和可能怀孕时不喝酒，所有这些诊断和治疗服务都是不必要的。

一名怀孕的女性尽管被告知胎儿酒精综合征会损伤胎儿的大脑、导致其智力迟钝的风险，但还是选择继续饮酒有两个真正的原因。第一个原因是，她知道饮酒具有风险，但仍愿意让孩子的大脑置于危险之中，以换取自己从饮酒中获得的乐趣。

第二个原因是，她尽管知道饮酒具有风险，但她患有酒精成瘾的医学病症。如果没有专业的医疗帮助，这种酒瘾就不能停止。如果你怀孕了并且不能停止饮酒，应该立即寻求帮助。

毁灭性的终生脑损伤

医生在提醒女性注意胎儿酒精综合征具有的真正危险时，还面临另一个问题：20世纪80年代，媒体驱动的"快克婴儿"恐慌而产生的不信任文化。人们通过医学研究反驳快克婴儿神话的过程，也是不断证明胎儿酒精综合征真实性的过程，这一过程也在教育我们，胎儿酒精综合征不是单一的出生缺陷，产前饮酒会导致一系列相关问题和严重后果。总的来说，这类疾病都被称为胎儿酒精谱系障碍（fetal alcohol spectrum disorders，FASDs）。

与成瘾疾病一样，人们通过脑成像技术可以观察到胎儿酒精综合征造成的物理性和功能性大脑损伤。根据华盛顿大学的一个研究团队最近发表的一项研究，使用磁共振成像可以区分存在胎儿酒精谱系障碍的大脑与正常大脑，准确度能达到80%。

产妇孕期饮酒引起的最具破坏性的障碍是器质性的脑损伤，它会损害个体大脑的执行功能，也就是个体理解和适应世界的能力。以下列举的事例能从整体上帮助你深入了解这一状况。

美国每天有10 657个新生儿，其中HIV阳性1例，脊柱裂2例，肌营养不良3例，唐氏综合征10例，伴有胎儿酒精综合征或酒精相关的神经发育障碍120例。这是造成美国新生儿智力迟钝现象的首要原因。

医学研究院向美国国会提交的关于胎儿酒精综合征的报告清楚地表明，人们对这一发病率的数字有了深入了解，"无论对个人还是社会，强调这一问题的严重性具有深远的意义"。

持续终生的问题

在日常生活中，患有胎儿酒精谱系障碍的个体会在规划和组织信息方面存在问题，他们难以理解自己行为产生的后果，并且容易冲动，缺少控制力。根据华盛顿大学胎儿酒精综合征 / 胎儿酒精效应法律问题资源中心项目主管凯·凯利（Kay Kelly）的观点："这些人通常想过度取悦别人，这种态度可能导致他们采取（或默认）有损自身利益的行为。"

尽管患有胎儿酒精谱系障碍的个体智商正常，但这些在子宫中受到酒精损害的个体必然会在生活中遇到困难，其社交技能受到影响。凯利说："大多数智商正常的人生活规律且高效，但那些智商正常但自身患有在子宫内酒精导致的大脑损伤的个体通常不能成功地应对日常生活。"

容易沦为捕食者的猎物

无论是儿童还是成年人，行为障碍使患有胎儿酒精综合征的人容易成为罪犯和变态者的猎物。他们更有可能忍受虐待，而不是抱怨，因为他们不想惹怒虐待自己的人。他们想让别人感到高兴，从而让自己被别人所接受。因此，他们很容易被人利用。患有胎儿酒精综合征或胎儿酒精效应的青少年和成年人中，约有 7% 的人遭到身体上的虐待或性虐待。成年人在家中对胎儿酒精谱系障碍儿童的性虐待是一个尤其严重的问题。

在法庭系统或执法机构中，患有胎儿酒精谱系障碍的受害人或证人可能会在审判中妥协，因为他们渴望取悦别人，并且非常容易相信别人，他们可能认为问题的"正确答案"就是提问者想要听到的答案。对于患有胎儿酒精谱系障碍的人来说，他们不是在说谎，而是在给出合适的答案。

对于已经患有胎儿酒精综合征的数百万人来说，保护他们免受母体饮酒对其发育中的大脑造成的伤害已经太晚了，但人们仍有可能采取有效措施来保护他们免受与犯罪相关的虐待。

对于患有胎儿酒精综合征的成年人，如果人们不管他们，让他们自食其力，最终的结果常常可能是命丧街头或者流落到其他受到犯罪伤害的地方。许多这样的成年人都需要社会服务，包括为他们提供支持性的社区生活环境和工作技能培训，对他们来说，防止受到伤害与防止贫困同样重要。

美国、加拿大和其他国家已经对胎儿酒精综合征进行了相关研究，为那些母亲们描绘了饮酒可能会导致的可怕的治疗和社会后果。患有完全性胎儿酒精综合征的儿童的身体和精神方面都会出现异常。患有不完全性胎儿酒精综合征的儿童可能没有明显的身体问题，但他们会和患有完全性胎儿酒精综合征的儿童一样有行为和心理问题。这些问题包括智力低下、难以从经验中学习、判断力差、因果推理能力差以及不能意识到自身行为造成的后果。显然，这些都是有可能导致他们进监狱的因素。

患有胎儿酒精综合征的孩子将会成长为患有胎儿酒精综合征的成人，因为该病不能治愈，其症状也不会好转。患胎儿酒精综合征的人非常冲动，做事从不考虑后果。他们的行为并不是恶意的。事实上，他们通常会被更有才华的罪犯所利用，去执行一些高风险的、更容易被抓住的任务。

加拿大不列颠哥伦比亚省皇家医院的心理学家约瑟夫·南森（Josephine Nanson）说，出现在法庭上多达一半的年轻犯人可能都是因为他们的母亲在怀孕期间喝酒。她的四位同事对 207 名胎儿酒精综合征患者进行了两年的研究。她的研究评估可能会对刑事司法系统如何处理拘留中的青少年产生巨大影响。

"刑事司法系统的基础是人们理解规则的存在以及为什么必须服从规则，如果不服从规则，社会就有权对他们做出其他处置。"加拿大法律援助委员会律师可尼·海利（Kearney Healy）在接受萨斯卡通《凤凰之星》（Star Phoenix）日报有关南森研究的采访时说："所有这些东西对这些孩子们来说都是不必要的。与好坏无关，他们只是用不同的方式来看待事物。我们已经对其分析判断了大约 20 年，其间发生了越来越多的刑事案件。这些人现在处于青春期和成年期，他们处于参与法庭制度的黄金时期。"

据估计，患有完全性胎儿酒精综合征的每个个案都对应四个患有不完全性胎儿酒精综合征的个案。

其中讽刺的是，患有胎儿酒精综合征的孩子经常是模范囚犯，因为他们在结构化环境中表现得很好。"人们通常在治疗的早期阶段误认为有人做得很好，而他们却没有意识到做得很好是因为所有做得不好的机会都在一个结构化的系统中消失了，"南森说，"这是一种错觉，如果患有胎儿酒精综合征的人在这个体系之外就会崩溃。"

无知会把你的孩子送到监狱

人们对胎儿酒精综合征患者的一个普遍误解是他们都患有精神疾病且精神发育迟滞，并且要对其受刑事司法判决负有部分责任。一个人的精神健康会影响其被逮捕、决定审判以及其他部分，以及其经历的每一个刑事司法判决的阶段。

如果你怀疑这种说法，那么问问自己：精神病人的行为是否让人感到奇怪或可疑，精神病人的行为是否会吸引人们的注意力。答案是肯定的。这其中也包括他们即使没有犯罪也会吸引警方的注意。

逮捕官员和其他工作人员不能识别和处理被捕者是由于饮酒还是任何其他因素造成的精神疾病，这使他们错误地假定被捕者明白自己所具有的米兰达权利。患胎儿酒精综合征的儿童和成年人为了取悦警察更容易提供假的证词。

一个公共健康问题

即使这里提出的是简要回顾也足以说明我的观点：患有胎

儿酒精综合征就像遇到一场毁灭性的灾难，它对数百万人的生命造成了可怕的影响。只要女性在怀孕前或怀孕期间不喝酒，所有的痛苦、惩罚措施、监禁以及研究有效治疗胎儿酒精综合征的方法所消耗的费用都可以在一代人的时间内消失。母亲们应该连一滴酒、一杯酒都不喝。慈爱的母亲不会用自己孩子的未来换 6 罐啤酒、一杯冰酒或一瓶单麦芽苏格兰威士忌。

专栏

界定胎儿酒精谱系障碍

为了清楚地区别，胎儿酒精综合征通常用于描述区别性面部异常情况，训练有素的医学专家可以辨别出这一异常。这些面部特征包括小眼睛、特别薄的上唇、短而翻起的鼻子以及鼻子和上唇之间的皮肤表面是光滑的。

医生已经使用了一些术语来描述胎儿酒精综合征的一些特征和母亲饮酒引起的疾病谱系，如胎儿酒精谱系障碍（FASD）、胎儿酒精综合征（FAS）、胎儿酒精效应（fetal alcohol effects，FAEs）、部分性酒精综合征（partial fetal alcohol syndeome，pFAS）、酒精相关神经发育障碍（alcohol-related nevuodevelopmental disorders，ARNDs）、静态酒精性脑病（static encephalopathy alcohol exposed，SEAE）和酒精相关出生缺陷（alcohol-related birth defects，ARBD）。ARND 是指精神和行为障碍；ARBD 是指胎儿因暴露于酒精中所引起的身体缺陷。这些特征中的大多数都没有指示性的面部特征，并且需要更高水平的测试和评估。

胎儿酒精综合征的症状包括：

专栏

- 心脏缺陷；

- 关节、四肢和手指变形；

- 出生前后身体发育缓慢；

- 视力问题或听力问题；

- 头围小，出生时头部小（小头）；

- 协调能力差；

- 睡眠问题；

- 智力发育迟滞；

- 学习障碍；

- 注意广度小、多动和冲动控制障碍；

- 极度紧张和焦虑。

未患有胎儿酒精综合征的健康儿童中也可能出现胎儿酒精综合征的面部特征，所以需要相关的专业知识来区分二者。

孕期鸦片成瘾

孕期鸦片成瘾虽然不像胎儿酒精综合征那么多，但孕妇使用鸦片类药物的问题仍然在快速增长。

根据美国国家药物滥用研究所的数据，滥用鸦片类药物的女性在 2000~2009 年增加了 500%。据估计，有 75% 怀孕的海洛因成瘾者从未得到任何产前护理。

滥用鸦片的孕妇生出的婴儿所具有的健康风险包括学习障碍、行为问题和心理或身体发育迟缓。

专栏

　　为了自己的健康和未出世孩子的健康，鸦片成瘾的孕妇应该进行戒断，并且应该在怀孕第 14 周到第 32 周之间就进行戒断，以尽量减少对胎儿的影响（如果孕妇在婴儿出生前没有脱毒，那么新生儿很可能会成瘾，而且必须经过一个戒断过程，这可能需要几周的时间）。怀孕母亲的脱毒必须在经过培训的、有医学证书的医生的监督下进行。成瘾的孕妇的另一个选择是在怀孕期间保持摄入丁丙诺啡或美沙酮，因为对有些母亲和胎儿来说，脱毒会产生痛苦，甚至会有危险。这里要再次提到，我们的目标是不产生伤害，哪种选择更好要取决于患者的情况。

结语　战胜怀疑的文化

对于像我这样的成瘾医学的实践者来说，这是一段奇怪的时期。我们发现，自己生活在过去和未来之间的暮光之中。我们被一群僵尸一样的康复诊所包围，他们用过时的方法治疗本该进行医学治疗的成瘾症。我们很多医学领域的同伴们经常只是听到有关 12 步计划的危害，却忽略了自己作为医生宣誓就职时所立下的不伤害的誓约，而允许自己的成瘾患者在外行那里接受治疗。

简而言之，我们生活在一种不相信的文化中，在这种文化中，关于成瘾的医学科学被抛在一边。

这一切很具有戏剧性吗？也许吧。但我确实相信我们正处在为治疗成瘾而进行的史诗般的斗争中，我已经为此战斗了 15年。我是最早开始使用经过科学验证的控制性药物（如丁丙诺啡）对成瘾患者进行治疗的医生之一。磁共振成像的出现证明了一直以来医生的猜测：酗酒和吸毒者的脑结构不同于其他人，人们发现这一点至今已经有 20 多年了。

几十年来，人们在争取对物质成瘾进行循证治疗的斗争中，另一方似乎仍占上风。令人难以置信的是，有 90% 的酒精和药物成瘾康复诊所和治疗中心都不提供循证医学。基本在毫无监管的情况下，高达 340 亿美元的康复产业可以通过拒绝认识成瘾治疗科学而获得更多的利润。最糟糕的是，他们在没有受过医学训练的顾问的指导下，只使用简单的指定 12 步计划来对这一治疗程序进行商业运作。这是一个没有限定的程序，与其说它是关于治疗的，不如说它是关于避难所和难友间情谊的。高级一些的康复诊所会有获得资历的心理咨询人员，但大多数人仍然忽视药物治疗是综合治疗的重要组成部分这一无可辩驳的研究结论。在我生活的洛杉矶，我通过与之前的病人谈话得知，许多机构甚至不允许自己的医生谈论药物治疗。

更麻烦的是，我们正在被新的药物成瘾浪潮所淹没。现在，美国郊区的青少年是街上大量廉价却强效的海洛因的新目标受众。中年人和成年人（传统上认为他们是最后成为成瘾者的人）则多数是处方止痛药成瘾，另外，1993~2012 年，55~64 岁人群的毒品过量死亡率上升了 700% [2012 年，美国医疗保险在强效镇静剂（如赞安诺和安定）上没有支出任何费用；1 年后，在制药公司要求医疗保险覆盖其药物的压力下，医生共开出 4000 万张这类药物处方，支出达 3.77 亿美元]。

美国数以万计的退伍军人正在接受各种药物成瘾治疗。这个国家的能源热潮中也伴随着天然气和石油工人中冰毒大流行。《华尔街日报》报道的一项研究发现：2011 年，联邦政府授权的能源工人中有将近 25% 的人检测结果为苯丙胺阳性，其比率高于两年前的 17%。

2014 年，酒精这个排在吸烟和肥胖之后第三位的可预防的致死原因导致了 88 000 人死亡，比枪支、药物滥用和性传播疾病加起来导致的死亡人数还要高（2011 年后，酒精导致的相关死亡人数一直高于车祸导致的相关死亡人数）。2005 年以来，大量饮酒导致的死亡比率超过了 17%，其中女性所占比率增长最多。这十分令人沮丧，但并不令人惊讶，因为胎儿酒精综合征的流行率在过去 10 年中也从约 3‰ 增加到高达 7‰（被广泛定义的胎儿酒精谱系障碍的流行率则高达 50‰）。

司法机构也在继续限制成瘾者的自由，让他们选择 12 步计划而不是真正的循证治疗中心。实际上，成瘾者们每天都因不知情的、有时还带有宗教偏见的、在政治上愤世嫉俗的法官们而死亡，因为这些法官与那些将成瘾者恶魔化的人同流合污，而不是将成瘾者作为病人进行治疗。

1999~2013 年，因药物过量造成的死亡率增加了一倍以上。美国每年在治疗成瘾方面的费用近 4680 亿美元，但只有 20% 的费用被用于成瘾的预防或长期治疗（其余费用都用于监狱、法院和医院急救护理）。

然而，让人感到疯狂的是，这么多年以后，公众仍然对成瘾及其治疗感到迷惑。许多人都不认为成瘾是一种身体疾病，因为他们不了解成瘾疾病的意义和当前对成瘾的定义。调查显示，大多数美国人都明白成瘾有生物学上的原因，它是一种像糖尿病、哮喘或双相情感障碍一样的疾病。但他们仍然坚持认为，如果瘾君子想停止成瘾就能随时停止。他们认为，成瘾者依靠意志力和道德就可以解决药物成瘾。

就像我这代人同样嘲笑大麻烟疯潮（Reefer Madness）一样，一场注定失败的毒品战争、抵制非法药物滥用教育（Drug Abuse Resistance Education，DARE）运动的姊妹篇以及"说不"运动都是 20 世纪的遗迹，这些会被 30 岁以下的人嘲笑。然而，政治家们却仍然相信这些失败的公共卫生政策。

未来的希望

尽管如此，我仍然对成瘾治疗发生的变化抱有希望。现在，有一群为科学、医学以及为治疗成瘾这种慢性疾病而斗争的斗士。我之所以知道这些，是因为我每学期都在南加州大学凯克医学院教授那些医学生和当地居民。这所学校会给那些即将成为医生的学生普及成瘾疾病和循证治疗。事实上，无论每个在校的医学生学的是什么专业，他们都应该学习我和我的工作人员开发的课程。

现在，我们知道循证医疗应该如何起作用，并看到了效果。现在，数以千计的可能会被监禁或受制于药物成瘾的患者已经过上了正常的生活。我们已经开发出像丁丙诺啡这样可以停止患者对成瘾性物质的渴望，但又不会造成新的依赖的药物来治疗成瘾。

药物成瘾与其他慢性疾病一样必须对其进行终生治疗的观念已经被主流文化所认同。最近，在《赫芬顿邮报》（*Huffington Post*）、《斯莱特杂志》（*Slate*）、《大西洋杂志》（*The Atlantic*）和《纽约时报》（*New York Times*）上刊登的调查性新闻文章中，记录了美国地方和各州当局未能使用循证治疗所造成的失误，人们正在累积对刀枪不入的12步治疗计划这一巨型顽石的质疑。

亚当·芬伯格（Adam Finberg）执导的纪录片《康复生意》（*The Business of Recovery*）以及克里斯·贝尔（Chris Bell）、约什·亚历山大（Josh Alexander）和克莱格·杨（Craig Young）执导的纪录片《处方暴徒》（*Prescription Thugs*）都质疑了康复行业和大型制药公司背后的动机。

最令人鼓舞的是，成瘾治疗的医疗条件已经越来越制度化。《美国平价医疗法案》（奥巴马医改计划）规定了健康福利保险必须涵盖的内容，首次在国家医疗政策中包括了药物成瘾治疗。此外，它还禁止保险公司因承保者已经存在的情况（包括药物滥用）而拒绝承保。

也许，奥巴马总统具有里程碑意义的医改计划产生的最重要的变化是：扩大所谓的平等规则。平等就意味着保险计划必须建立在与常规医疗保健相同的水平上，并涵盖心理健康和药物滥用治疗。总而言之，经过一个世纪的不必要的定罪后，《美国平价医疗法案》在联邦法律中规定，药物滥用是一个医学问题，而不是道德败坏问题，也不是刑事司法系统的问题。

最后，根据《美国平价医疗法案》，医疗保险将用于支付循证治疗的费用。一些最著名的和最狂热的 12 步戒除模式的支持者已经改变了自己的论调。海瑟顿治疗中心（Hazelden）是第一个加入比尔·威尔逊匿名戒酒互助会的治疗中心，现在，其已将使用纳曲酮纳入治疗模式。像信诺（Cigna）和美国医疗保健（United Healthcare）这样的大型健康保险公司正在遵循新的法律，拒绝支付不使用循证医学的中心开具的住院治疗索赔。不久后，匿名戒酒互助会将变回其创始人一直所说的免费服务，帮助重度饮酒者和酗酒者，而不是作为一个利用成瘾者及其家庭的恐惧和痛苦而进行全国性营利的基础性行业。

人们为毒品定罪的不合理性正在被年轻一代的美国人所接受。科罗拉多和华盛顿等州已经对大麻的使用合法化，并对其进行监管和税收（和酒精一样）。同样，加利福尼亚州的选民最近修订了第 47 号法案，修改了法院对毒品的定义。新的法律将私藏毒品等几项重罪改为轻罪，从而使数百名过去被判重罪的人得到接受成瘾治疗的机会。

下面的步骤

那么，我们接下来该走向何方呢？如果你读本书的目的是因为你自己或者你关心的人是成瘾者，请注意！你应该明智地选择治疗中心，不要受到营销活动的影响，这些营销活动掩盖了康复诊所不能提供恰当的医疗护理的事实。成瘾者在脱毒阶段和管理维持阶段都要使用循证治疗，不要去那些只提供 12 步计划、一刀切的治疗方案的治疗中心，特别是那些治疗酗酒或药物成瘾的治疗中心。

美国想要赶上西方世界的其他国家，除了进行《美国平价医疗法案》提出的常规医疗改革，还要进行以下改革。

1. 要求所有医学院校提供循证成瘾治疗的必修课程。记住，药物成瘾是美国居第三位的可预防的致死原因，只有少数医学院校为学生提供的循证治疗培训令人感到羞愧。

2. 将合法销售大麻和酒精的所得税收用于公众教育项目，使公众了解到酗酒和成瘾属于慢性疾病。

3. 制定标准化术语以促进治疗。大众和医生经常随机互换术语，造成混乱。并非所有饮酒、使用药物的人以及喝大量的酒、使用大量药物的人都是成瘾者，他们中的很多人都会轻易地停止使用或减少药物使用量至安全水平。"成瘾者"必须是对那些患有慢性疾病的人所下的定义，他们主要是具有遗传基础的、患有大脑疾病的人，这些脑部疾病的特征是受损的奖赏系统和对物质的不可控的、强烈的渴望等。

规范酒瘾和药物成瘾康复产业。《美国平价医疗法案》规定的新任务仍有很长的路要走，人们还应该通过一项全面的联邦法律，要求治疗中心在配备有成瘾医学证书的医生和受过培训、有执照的医疗专业人员的监督下进行治疗。曾经是或仍是成瘾者的人担任成瘾咨询师的现象必须结束。

一个普遍的问题

与其他慢性临床疾病一样，成瘾和种族、宗教或政治派别没有关系。这种疾病伤害了各种各样的人，他们中有穷人、富人、医生、成功的商人、神职人员和国家元首。了解成瘾这种疾病的人越多，越能减少患者的病耻感，他们就越有可能获得所需的帮助（记住，有90%患有该疾病的人根本就没有得到治疗）。

世界各地的医生和临床协会都认识到，药物成瘾是一种既可预防又可治疗的临床疾病。我将自己的生命和事业致力于预防和治疗这种疾病，并且，我也希望你能和我一起传播有关成瘾的真相。

译者后记

据有关统计，大学生群体中网络成瘾的发生率高达8%～13%，作为长期从事人格心理和大学生心理健康研究与实践工作的专业人员，我常常在有成瘾性问题的学生面前感到束手无策，尤其是感受到他们确实想要远离成瘾行为但却难以自控时。虽然，一些期刊以及网站上有大量有关网络成瘾的理论性或实证性研究，但对于实践的指导作用却非常有限，也不足以帮助我们理解成瘾的顽固及戒瘾的困难。在我有机会拜读阿齐可·穆罕默德博士的这本《戒瘾：战胜致命性成瘾》之后，这些有关成瘾的困惑与无助得到了解答，我可以说是受益匪浅。

作为成瘾医学领域的教学研究专家和实践专家，穆罕默德博士多年来一直在成瘾领域深入探索，他一直致力于回答这些问题：成瘾是什么？什么样的治疗方法是正确的？在本书中，作者通过破除有关成瘾的 10 大认识误区，使读者在了解有关成瘾的常见错误观点的基础上层层深入，从医学、心理学和社会学的不同层面剖析成瘾的机制，并提出基于循证医疗的整合性治疗方案，为广大的成瘾者、其亲友以及相关的治疗和康复人员在戒瘾的道路上指明方向。

在书中，穆罕默德博士不仅全面解构了成瘾症，同时也解构了美国的成瘾治疗行业；他不仅在微观层面上说明如何正确地治疗一各成瘾者，也在宏观层面（国家的政策及法律）上提出如何更好地应对成瘾的困局。毫无疑问，穆罕默德博士的这本著作会为攻破"戒瘾"这一世界性难题揭开新的篇章。一直以来，人们将成瘾和难以戒瘾几乎全部归咎于个人意志和道德问题，对那些所谓的"瘾君子"嗤之以鼻，从法律上惩戒他们，从道德上谴责他们，在情感上远离并抛弃他们，而忽略了人类个体对成瘾性物质具有天然易感性这一因素在成瘾过程中起到的作用。这使成瘾者感到更加无助和孤独，反过来又会加重他们的成瘾。而在穆罕默德博士提供的有效的循证疗法方案中，戒瘾需要三方面的通力合作：一是在生物学方面，戒瘾者需要关注改善戒毒疗法，通过用药来减轻自己使用药物的欲望，进行终身成瘾管理；二是在心理学方面，戒瘾者可以使用成瘾咨询、认知行为疗法、厌恶疗法和行为的自我控制训练等方法；三是在社会文化方面，戒瘾者可以使用社区强化方法、家庭治疗、治疗性社区、职业康复、各种动机激发技术、基于文化的特定干预等。成瘾既然同时存在生物、心理和社会的成因，人们就必须使用包含这三方面因素的个性化治疗方案，这一实践方法为成瘾治疗以及长期管理提供了充满希望的方向。我们衷心希望这本译作能为我们理解和治疗成瘾者提供更科学和更全面的视角，并能帮助他们真正远离成瘾的泥沼。

由于本人水平有限，又非成瘾领域的专业人士，虽然在翻译过程中竭尽全力，反复斟酌，多方证实，但依然难免存在疏漏和瑕疵。希望广大读者多多谅解，并给予批评指正，这是对我最大的帮助。

最后，非常感谢在司法部预防犯罪研究所从事戒毒研究的师弟叶勇豪鼎力相助，不厌其烦地帮我求证翻译措辞的准确性。感谢我的丈夫郑飞主动承担了更多的家庭责任，帮我腾出时间完成翻译。感谢我的女儿，尽管非常不舍，但多次放弃妈妈睡前的陪伴，让我在很多个夜晚得以安静的工作。感谢我的同学兼挚友谢晶、张宏宇的支持与帮助，以及学生郑鑫雨、刘志卉协助完成部分基础性工作。最后，感谢中国人民大学出版社商业新知事业部，尤其是本书责任编辑的耐心沟通和辛勤工作，多谢！

王斐

北京阅想时代文化发展有限责任公司为中国人民大学出版社有限公司下属的商业新知事业部，致力于经管类优秀出版物的策划及出版，主要涉及经济管理、金融、投资理财、心理学、成功励志、生活等出版领域，下设"阅想·商业""阅想·财富""阅想·新知""阅想·心理""阅想·生活"以及"阅想·人文"等多条产品线，致力于为国内商业人士提供涵盖先进、前沿的管理理念和思想的专业类图书和趋势类图书，同时也为满足商业人士的内心诉求，打造一系列提倡心理和生活健康的心理学图书和生活管理类图书。

阅想·心理

《为什么我们会上瘾：操纵人类大脑成瘾的元凶》

- 一本关于诱惑、异乎寻常的快乐，以及头脑中那个虚幻又真实的世界的书。
- 所谓成瘾，不关乎道德，而是大脑在作祟。
- 世界知名神经科学家、艾迪终身成就奖获得者用科学为你解开成瘾之谜。

《失控的大脑：操纵人类异常行为的元凶》

- 南京大学社会学院心理系主任周仁来教授倾情翻译。
- 对人类大脑与各类精神和心理疾病之间的关系进行抽丝剥茧，揭秘人类异常行为背后的大脑奥秘。

《极简个性心理学：破解人格基因》

- 诺贝尔生理学或医学奖获得者埃里克·坎德尔、美国精神病学会主席约翰·奥德汉姆、哈佛大学神经生物学教授史蒂文·海曼联袂推荐。
- 深入浅出的识人科学体系，发现人内心深处最真实的一面，在人群中找到更适合自己的存在方式与相处方式。

《人格心理学：人格与自我成长》

- 一部自1974年问世以来不断更新再版、畅销40余年的心理学经典著作。
- 完整梳理现代人格理论的发展脉络，讲述心理学各大流派对人格理论的构建及贡献。
- 以跨文化的全球性知识体系帮助你深入了解人类的本性，以便你可以用来更好地了解自己、了解他人。

《思辨与立场：生活中无处不在的批判性思维工具》

- 风靡全美的思维方法、国际公认的批判性思维权威大师的扛鼎之作。
- 带给你对人类思维最深刻的洞察和最佳思考。

《决策与判断：走出无意识偏见的心理误区》

- 决策与判断的失败往往比成功更有启发性，而决策的质量通常比决策本身更重要。
- 从心理学层面揭示决策的过程，发现那些看似理性的非理性行为背后的认知偏见与陷阱，帮助我们避免做出错误的决定。

《好奇心：保持对未知世界永不停息的热情》

- 《纽约时报》《华尔街日报》《华盛顿邮报》《图书馆期刊》《科学美国人》等众多媒体联合推荐。
- 一部关于成就人类强大适应力的好奇心简史，理清人类第四驱动力——好奇心的发展脉络，激发人类不断探索未知世界的热情。

《勇气：直面恐惧与不安的惊人力量》

- 当面对生理上的痛苦或死亡威胁时，你是否有勇气面对？
- 当面对公众反对、羞辱或阻扰时，你是否有勇气做出正义之举？
- 如何才能获得勇气？到哪里去寻找勇气？如何教育下一代要有勇气？

图书在版编目（CIP）数据

戒瘾：战胜致命性成瘾/（美）阿齐可·穆罕默德（Akikur Mohammad）著；王斐译 . -- 北京：中国人民大学出版社，2017. 11

书名原文：The Anatomy of Addiction： What Science and Research Tell Us About the True Causes， Best Preventive Techniques， and Most Successful Treatments

ISBN 978-7-300-24841-7

Ⅰ . ① 戒 … Ⅱ . ① 阿 … ② 王 … Ⅲ . ① 病态心理学 — 药物疗法 Ⅳ . ① B846 ② R741.05

中国版本图书馆 CIP 数据核字（2017）第 199709 号

戒瘾：战胜致命性成瘾

【美】阿齐可·穆罕默德　著
王斐　译
Jieyin: Zhansheng Zhimingxing Chengyin

出版发行	中国人民大学出版社	
社　　址	北京中关村大街 31 号	邮政编码　100080
电　　话	010-62511242（总编室）	010-62511770（质管部）
	010-82501766（邮购部）	010-62514148（门市部）
	010-62515195（发行公司）	010-62515275（盗版举报）
网　　址	http://www.crup.com.cn	
	http://www.ttrnet.com（人大教研网）	
经　　销	新华书店	
印　　刷	北京东君印刷有限公司	
规　　格	148mm×210mm　32 开本	版　次　2017 年 11 月第 1 版
印　　张	6.875　插页 1	印　次　2020 年 12 月第 3 次印刷
字　　数	129 000	定　价　59.00 元